高等学校化学实验教材

# 仪器分析实验

## （第 3 版）

主　编　柳仁民

副主编　张淑芳　刘雪静　李爱峰　季宁宁

张修景　何　文　左卫元　魏培海

中国海洋大学出版社

·青岛·

**图书在版编目(CIP)数据**

仪器分析实验 / 柳仁民主编. —3 版. —青岛：
中国海洋大学出版社,2018.5(2022.8重印)
　ISBN 978-7-5670-1938-6

　Ⅰ.①仪… Ⅱ.①柳… Ⅲ.①仪器分析－实验－高等
学校－教材　Ⅳ.①O657-33

中国版本图书馆 CIP 数据核字(2018)第 185723 号

| | | | | |
|---|---|---|---|---|
| 出版发行 | 中国海洋大学出版社 | | | |
| 社　　址 | 青岛市香港东路 23 号 | | 邮政编码 | 266071 |
| 网　　址 | http://pub.ouc.edu.cn | | | |
| 电子信箱 | xianlimeng@gmail.com | | | |
| 订购电话 | 0532－82032573(传真) | | | |
| 丛书策划 | 孟显丽 | | | |
| 责任编辑 | 孟显丽 | | 电　　话 | 0532－85901092 |
| 印　　制 | 日照报业印刷有限公司 | | | |
| 版　　次 | 2018 年 8 月第 3 版 | | | |
| 印　　次 | 2022 年 8 月第 4 次印刷 | | | |
| 成品尺寸 | 170 mm×230 mm | | | |
| 印　　张 | 13 | | | |
| 字　　数 | 240 千 | | | |
| 印　　数 | 8731～10730 | | | |
| 定　　价 | 30.00 元 | | | |

发现印装质量问题,请致电 0633－8221365,由印刷厂负责调换。

# 总　序

　　化学是一门重要的基础学科,与物理、信息、生命、材料、环境、能源、地球和空间等学科有紧密的联系、交叉和渗透,在人类进步和社会发展中起到了举足轻重的作用。同时,化学又是一门典型的以实验为基础的学科。在化学教学中,思维能力、学习能力、创新能力、动手能力和专业实用技能是培养创新人才的关键。

　　随着化学教学内容和实验教学体系的不断改革,高校需要一套内容充实、体系新颖、可操作性强、实验方法先进的实验教材。

　　由中国海洋大学、曲阜师范大学、聊城大学和烟台大学等12所高校编写的《无机及分析化学实验》、《无机化学实验》、《分析化学实验》、《仪器分析实验》、《有机化学实验》、《物理化学实验》和《化工原理实验》7本高等学校化学实验系列教材,现在与读者见面了。本系列教材既满足通识和专业基本知识的教育,又体现学校特色和创新思维能力的培养。纵览本套教材,有五个非常明显的特点:

　　1.高等学校化学实验教材编写指导委员会由各校教学一线的院系领导组成,编指委成员和主编人员均由教学经验丰富的教授担当,能够准确把握目前化学实验教学的脉搏,使整套教材具有前瞻性。

　　2.所有参编人员均来自实验教学第一线,基础实验仪器设备介绍清楚、药品用量准确;综合、设计性实验难度适中,可操作性强,使整套教材具有实用性。

　　3.所有实验均经过不同院校相关教师的验证,具有较好的重复性。

　　4.每本教材都由基础实验和综合实验组成,内容丰富,不同学校可以根据需要从中选取,具有广泛性。

　　5.实验内容集各校之长,充分考虑到仪器型号的差别,介绍全面,具有可行性。

　　一本好的实验教材,是培养优秀学生的基础之一,"高等学校化学实验教材"的出版,无疑是化学实验教学的喜讯。我和大家一样,相信该系列教材对进一步提高实验教学质量、促进学生的创新思维和强化实验技能等方面将发挥积极的作用。

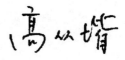

**2009 年 5 月 18 日**

# 总　前　言

实验化学贯穿于化学教育的全过程,既与理论课程密切相关又独立于理论课程,是化学教育的重要基础。

为了配合实验教学体系改革和满足创新人才培养的需要,编写一套优秀的化学实验教材是非常必要的。由中国海洋大学、曲阜师范大学、聊城大学、烟台大学、潍坊学院、泰山学院、临沂师范学院、德州学院、菏泽学院、枣庄学院、济宁学院、滨州学院 12 所高校组成的高等学校化学实验教材编写指导委员会于2008 年 4 月至 6 月,先后在青岛、济南和曲阜召开了 3 次编写研讨会。以上院校以及中国海洋大学出版社的相关人员参加了会议。

本系列实验教材包括《无机及分析化学实验》、《无机化学实验》、《分析化学实验》、《仪器分析实验》、《有机化学实验》、《物理化学实验》和《化工原理实验》,涵盖了高校化学基础实验。

中国工程院高从堦院士对本套实验教材的编写给予了大力支持,对实验内容的设置提出了重要的修改意见,并欣然作序,在此表示衷心感谢。

在编写过程中,中国海洋大学对《无机及分析化学实验》、《无机化学实验》给予了教材建设基金的支持,曲阜师范大学、聊城大学、烟台大学对本套教材编写给予了支持,中国海洋大学出版社为该系列教材的出版做了大量组织工作,并对编写研讨会提供全面支持,在此一并表示衷心感谢。

由于编者水平有限,书中不妥和错误在所难免,恳请同仁和读者不吝指教。

高等学校化学实验教材编写指导委员会
**2009 年 7 月 10 日**

# 前　言

　　仪器分析课程被列为高等院校化学专业必修的基础课程之一,在其他有关专业教学中也具有重要的地位,一些非化学专业也逐渐将仪器分析列为必修课或选修课。"仪器分析实验"是仪器分析课程的重要组成部分,通过做仪器分析实验,能使学生加深对各种仪器分析方法的基础理论和工作原理的理解,正确和较熟练地掌握分析仪器的基本操作,培养学生运用仪器分析手段解决实际问题的能力。为配合仪器分析实验的教学,我们组织山东部分高校编写了本书。

　　全书共分两部分,第一部分为分析仪器基础知识,分别由有关老师(下述括号所列)执笔编写。内容包括:绪论(柳仁民)、发射光谱分析法(彭学伟)、原子吸收与院子荧光光谱分析法(刘雪静 李爱峰)、紫外-可见吸收光谱分析法(张淑芳)、红外光谱分析法(季宁宁)、荧光分析法(刘雪静)、电导分析法(刘雪静)、电位分析法(张修景)、电解与库仑分析法(李爱峰)、极谱与伏安分析法(翟秀荣)、气相色谱分析法(王彩红)、高效液相色谱分析法(李爱峰)、高效毛细管电泳分析法(刘海兴)等。第二部分为实验部分,对应第一部分中的每种分析方法,安排了多个有代表性的实验,分别由编写第一部分的相应老师负责编写。每个实验反映了该类仪器某一重要功能或某一重要应用方面,通过实验能使学生对该类仪器的主要功能和应用有一个比较全面的了解。为了提高学生的综合实验能力,书中安排了3个设计实验,由李爱峰老师编写。由于不同专业和层次的学生对仪器分析的要求不同,在安排学生实验时,可以根据实际情况选做部分实验。

　　限于编者的学术水平,书中难免存在缺点和错误,敬请各位专家和读者批评指正。

编　者

2009 年 7 月

# 目　　次

## 第一部分　仪器分析基础知识

## 第二部分　实验内容

# 第一部分

# 仪器分析基础知识

# 第1章 绪论

## 1.1 仪器分析在分析化学中的地位和作用

分析化学是研究物质的组成、含量、结构和形态等化学信息的分析方法及理论的一门科学。其主要任务是采用各种各样的方法和手段,得到分析数据,鉴定物质体系的化学组成、测定其中有关成分的含量和确定体系中物质的结构和形态、解决关于物质体系构成及其性质的问题。

现代分析化学的发展经历了三次巨大的变革,第一次大变革发生在20世纪初,物理化学的发展,特别是溶液中四大平衡理论的建立使分析化学有了科学的内涵,形成了自己的理论基础,从单纯的分析技术发展成为一门独立的学科,确立了作为化学的一个分支学科的地位。第二次大变革发生在第二次世界大战前后,物理学和电子学的发展促进了各种仪器分析方法的蓬勃发展,分析化学进入了以仪器分析为主的现代分析化学时代。第三次大变革发生在20世纪70年代以来,随着计算机技术的引入,生命科学、环境科学、材料科学、信息科学等学科的发展,分析化学远远突破了原来化学的范畴,发展成为分析科学,其理论基础除了四大溶液平衡理论之外,还涉及数学、统计学、信息科学、图像处理和计算机科学等。

分析化学按照测定原理可以分为化学分析法和仪器分析法,仪器分析法是以测量物质的物理或物理化学性质为基础的分析方法,通常需要特殊的仪器,故得名"仪器分析"。随着科学技术的发展,分析化学在方法和实验技术方面都发生了深刻的变化,特别是新的仪器分析方法不断出现,其应用日益广泛,老的仪器分析方法不断更新,甚至化学分析法也在不断地仪器化,从而使仪器分析在一切与化学有关的领域内应用日益广泛,在分析化学中所占的比重不断增长,成为21世纪实验化学的重要支柱。在现代的科学研究和实际生产中,仪器分析作为现代的分析测试手段,日益广泛地为各领域内的科研和生产提供大量的有关物质组成和结构方面的信息。

分析仪器和仪器分析是人们获取物质成分、结构和状态信息、认识和探索自然规律的不可缺少的有利工具,分析仪器的制造水平和对分析仪器的需求反映了一个国家经济和科学发展的水平。现在分析化学实验室使用的分析仪器,不再局限于常规的化学器皿和简单的称量和测量仪器,许多都是集光、机、电、热、磁、声等多学科的综合系统,融入了各种新材料、新器件、微电子技术、激光、人工智能技术、数字图像处理、化学计量学等方面的新成就,使分析化学获取物质定性、定量、形态、形貌、结构、微区等方面信息的能力得到极大的提高,采集和处理信息的速度越来越快,获得的信息量越来越大,采集信息的质量越来越高,可以完成从组成到形态分析,从总体到微区表面、分布及逐层分析,从宏观组成到微区结构分析,从静态到快速反应动态分析,从破坏样品到无损分析,从离线到在线分析等多种复杂的分析任务。通过运用数据处理、信息科学理论,分析化学已由单纯的数据提供者,上升到从分析数据获取有用信息和知识,成为生产和科研实际问题的解决者。例如,在 20 世纪末实施的人类基因组计划中,DNA 测序仪器技术不断推陈出新,从凝胶板电泳到凝胶毛细管电泳、线性高分子溶液毛细管电泳、阵列毛细管电泳,直至全基因组发射枪测序技术,在提前完成人类基因组计划中起到关键性作用。

需要注意的是多数仪器分析方法中的样品处理(溶样、干扰分离、试液配制等)需用化学分析方法中常用的基本操作技术,在建立新的仪器分析方法时,往往也需用化学分析法来验证。而对于一些复杂物质的分析,往往需用仪器分析法和化学分析法综合分析,例如主含量用化学分析法分析,微量或痕量组分用仪器分析法测定。因此,化学分析法是仪器分析法的基础,仪器分析法是化学分析法的发展结果,化学分析法对于高含量组分的分析仍然是仪器分析法所不能完全取代的,仪器分析法和化学分析法是相辅相成的,在使用时可以根据具体情况取长补短、互相配合。

## 1.2　仪器分析实验在仪器分析中的作用

仪器分析课程在高等学校有关专业教学中占有重要的地位,被列为化学专业必修的基础课程之一。仪器分析具有很强的实践性,虽然有关仪器分析的基本原理和方法可以通过课堂教学来解决,但从事分析的实际能力必须通过实验来培养,因此仪器分析实验是整个仪器分析教学中的重要组成部分。通过实验课程教学可以加深对仪器分析方法原理的理解,巩固课堂教学的效果。更重要的是在实验室通过教师对仪器的构造、工作原理和使用方法的介绍以及学生的实际操作可以使学生更好地了解仪器构造、工作原理和操作技术,掌握仪器分析方法,提高建立、选择分析条件及处理分析结果等技能,培养严谨、认真、细致、实事求是、理论联系实际的工作作风,锻炼动手能力及分析解决问题的能力,增强创新意识和团队协作精神,这些将会对学生的发展产生深远的影响。

不管学习仪器分析实验课程的学生今后是否从事仪器分析专业,都将从仪器分析实验中获益。对于将来从事仪器分析应用研究或分析仪器制造的学生，通过仪器分析课堂和实验教学，可以为将来的事业发展打下必要的基础。对于将来不从事这些专业的学生来说，掌握仪器分析这一强有力的科学实验手段，以便今后获取研究所需要的基础数据资料，而基础数据资料是进行深入研究与引出科学结论的出发点。对于任何一个科技人员，深厚的专业理论基础、训练有素地独立从事科学研究的工作能力与良好的工作作风都是未来事业成功的必备条件。

仪器分析实验的特点是操作比较复杂，影响因素较多，信息量大，需要对实验条件进行摸索、对实验所获得的大量数据进行分析才能获取所需要的信息，这些特点对于培养学生理论联系实际，掌握和提高实验技能、分析推理能力都是大有好处的。

## 1.3  学生进行仪器分析实验的要求

学生进行实验前必须对实验内容进行认真、充分的预习，明确实验目的和要求，掌握实验原理和方法，了解实验内容、步骤及注意事项，了解所用仪器的结构、功能和使用方法，对实验过程进行统筹安排，对实验中的关键步骤要给予足够的重视。通过预习，要写出实验预习报告，预习报告要简明扼要，以保证实验顺利进行为目标。

上实验课时不得迟到和早退，进入实验室后要注意安全，遵守实验室的各项规章制度。实验过程中要细心、谨慎，严格按照仪器操作规程进行操作，如实记录各种实验数据。

实验完成后，要按要求写出实验报告，正确处理实验数据，细心绘制曲线图表，认真分析实验结果。

对于不合乎要求的实验，要认真分析出现问题的原因，并重新进行实验。

### 参考文献

[1] 陈培榕,李景虹,邓勃. 现代仪器分析实验与技术[M]. 2 版. 北京:清华大学出版社,2006.

[2] 朱明华. 仪器分析[M]. 3 版. 北京:高等教育出版社,2000.

编写人:柳仁民

# 第 2 章　原子发射光谱法

## 2.1　引言

　　1860 年德国学者基尔霍夫（Kirchhoff G. R）和本生（Bunsen R. W）利用分光镜研究盐和盐溶液在火焰中加热时所产生的特征光辐射，发现了 Rb 和 Cs 两元素，从而发现了原子发射光谱（Atomic Emission Spectrometry，AES）。从此以后，原子发射光谱就为人们所重视。

　　在发现原子发射光谱以后的许多年中，其发展很缓慢，主要是因为当时对有关物质痕量分析技术的要求并不迫切。到了 20 世纪 30 年代，人们已经注意到了浓度很低的物质，对改变金属、半导体的性质，对生物生理作用，对诸如催化剂及其毒化剂的作用是极为显著的，而且地质、矿物质的发展，对痕量分析也有了迫切的需求，促使 AES 迅速发展，成为仪器分析中一种很重要的、应用很广的方法。而到了 50 年代末、60 年代初，由于原子吸收分析法（Atomic Absorption Spectrometry，AAS）的崛起，AES 中的一些缺点，使它显得比 AAS 有所逊色，出现一种 AAS 欲取代 AES 的趋势。但是到了 70 年代以后，新的激发光源如电感耦合等离子体（Inductively Coupled Plosma，ICP）、激光等的应用，新的进样方式的出现，先进的电子技术的应用，使古老的 AES 分析技术得到复苏并注入新的活力，使它仍然是仪器分析中的重要分析方法之一。

　　原子发射光谱分析是无机成分分析的重要方法之一，可对约 70 种元素（金属元素及磷、硅、砷、碳、硼等非金属元素）进行分析，这种方法常用于定性、半定量分析，也用做定量分析。

## 2.2　原子发射光谱分析基本原理

　　原子发射光谱法是根据元素的原子所发射的特征光谱线来确定物质中元素的组成和测定其含量的一种分析方法。在每一种元素的原子中，每个电子处在一定的能级上，并具有一定的能量。在正常的情况下，原子处于稳定状态，它的能量是最低的，这种状态称为基态。但当原子受到外界能量（如热能、电能等）的作用时，电子便从基态跃迁到更高的能级上，处在这种状态的原子称为激发态。

将原子中的电子从基态激发至激发态所需的能量称为激发电位,通常以电子伏特来度量。当外加的能量足够时,可以把原子中的电子从基态激发至无限远处,原子便失去电子成为离子,这种过程称为电离。原子失去一个外层电子所需的能量称为一级电离电位。当外加的能量更大时,离子还可进一步电离生成二级离子(失去两个外层电子)、三级离子(失去三个外层电子)等,并具有相应的电离电位。这些离子的外层电子也能被激发,其所需的能量即为相应离子的激发电位。处于激发态的原子或离子是十分不稳定的,在极短的时间内(约 $10^{-8}$ s)便跃迁至基态或其他较低的能级上,并以发射一定波长的电磁波的形式将这部分能量释放出来,其辐射的能量与波长的关系可用下式表示:

$$\Delta E = E_2 - E_1 = h\nu = \frac{hc}{\lambda} \tag{2-1}$$

式中,$E_2$,$E_1$ 分别为高能级和低能级的能量,通常以电子伏特(eV)为单位;$h$ 为普朗克常数($6.625 \times 10^{-34}$ J·s);$\nu$ 及 $\lambda$ 分别为所发射电磁波的频率及波长;$c$ 为光在真空中的传播速度($2.997\ 925 \times 10^{10}$ cm·s$^{-1}$)。

所发射的每一条谱线的波长,取决于跃迁前后两个能级之差。由于原子的能级很多,原子在被激发后,其外层电子可有不同的跃迁(跃迁遵循"光谱选律"),因此对特定元素的原子可产生一系列不同波长的特征光谱线,这些谱线按一定的顺序排列,并保持一定的强度比例。根据待测元素发射谱线的特征不同,可对样品进行定性分析;而根据待测元素原子的浓度不同、发射强度不同,可实现元素的定量测定。

## 2.3　光谱分析仪器

进行光谱分析的仪器设备主要由光源、分光系统(光谱仪)及观测系统三部分组成。

### 2.3.1　光源

光源的基本功能是提供使试样中被测样品蒸发、汽化及元素原子化和原子激发所需要的能量。对光源的要求是灵敏度高,稳定性好,光谱背景小,结构简单,操作安全。常用的光源有电弧光源、电火花光源、电感耦合高频等离子体光源等。

(1)直流电弧(D. C. Arc):直流电弧发生器的基本电路如图 2-1 所示。这种激发装置利用直流电作为激发能源,常用电压为 150~380 V,电流为 5~30 A。可变电阻 $R$ 用以稳定和调节电流的大小,电感 $L$ 用来减小电流的波动。

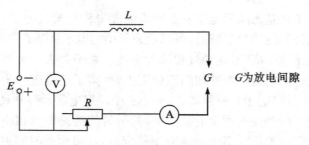

**图 2-1　直流电弧发生器**

　　试样装在下电极的凹孔内,电弧可采用短路或高频引燃两种方式点燃。电弧点燃后,从炽热的阴极尖端射出的热电子流以很大的速度通过分析间隙而奔向阳极,当冲击阳极时,产生高热使试样物质由电极表面蒸发成蒸气,蒸气的原子因与电子碰撞,电离成正离子,并以高速运动冲击阴极。于是电子、原子、离子在分析间隙互相碰撞,发生能量交换,引起试样原子激发,发射出一定波长的光谱线。

　　直流电弧的弧焰温度与电极和试样的性质有关,一般可达 4 000～7 000 K。其主要优点是分析的绝对灵敏度高,背景小,常用于定性分析及低含量杂质的测定。缺点是放电不稳定,再现性差,电极头温度高,不适用于定量分析。

　　(2)交流电弧(A. C. Arc):交流电弧分为高压交流电弧和低压交流电弧两类,前者工作电压达 2 000～4 000 V,由于其装置复杂、操作危险而很少使用。后者工作电压一般为 110～220 V,设备简单,操作安全,应用较多。

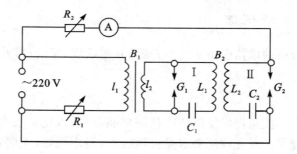

**图 2-2　低压交流电弧发生器**

　　交流电弧发生器的基本电路如图 2-2 所示,它由高频引弧电路 I 和低压电弧电路 II 组成。220 V 的交流电通过变压器 $B_1$ 使电压升至 3 000 V 左右向电容器 $C_1$ 充电,充电速度由 $R_1$ 调节。当 $C_1$ 的充电能量升至放电盘 $G_1$ 的击穿电压时,放电盘击穿,在 $L_1G_1$ 回路中产生高频振荡电流,振荡的速度由放电盘的距离和充电速度来控制,使半周只振荡一次。高频振荡电流经高频变压器 $B_2$ 耦合到低压电弧回路,并升压至 10 kV,通过电容器 $C_2$ 使分析间隙 $G$ 的空气电离,形成导电通道。低压电流沿着已造成电离的空气通道,通过 $G$ 引燃电弧。当电压降至低于维持电弧放电所需的电压时,弧焰熄灭。此时,第二个半周又开始,该高频电流在每半周使电弧重新点燃一次,使弧焰不熄。

　　由于交流电弧的电弧电流有脉冲性,它的电流密度比在直流电弧中要大,弧温较高(4 000～7 000 K),所以在获得的光谱中,出现的离子线要比在直流电弧中稍多些。这种光源的最大优点是稳定性比直流电弧高,操作简便安全,因而广泛应用于光谱定性、定量分析,但灵敏度较差。

　　(3)高压火花(spark):高压火花发生器的线路如图 2-3 所示。电源电压 $E$ 由调节电阻 $R$ 适当降压后经变压器 $B$,产生 10～25 kV 的高压,然后通过扼流圈 $D$ 向电容器 $C$ 充电。当电容器 $C$ 上的充电电压达到分析间隙 $G$ 的击穿电压时,就通过电感 $L$ 向分析间隙 $G$ 放电,产生具有振荡特性的火花放电。放电结束后,又重新充电、放电,反复进行。

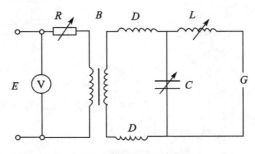

**图 2-3　高压火花线路图**

　　高压火花的特点是放电稳定性好;放电时间极短,瞬时通过分析间隙 $G$ 的电流密度极大,弧焰温度可达 $1\times10^4$ K;激发能力强,激发产生的谱线主要是元素的离子线,适用于难激发元素的定量分析。由于其放电间歇时间较长,电极头温度较低,并且弧焰半径小,因而试样蒸发能力差,该光源适用于低熔点金属和合金的定量分析。但是,火花光源的光谱背景较大,分析的灵敏度不高,适用于高含量定量分析,不适于微量或痕量元素的测定。

　　(4)电感耦合高频等离子体炬(inductively coupled plasma):电感耦合高频等离子体炬(ICP)是 20 世纪 60 年代提出,70 年代获得迅速发展的极受重视的一种新型的激发光源。等离子体在总体上是一种呈中性的气体,由离子、电子、中心原子和分子所组成,其正负电荷密度几乎相等。ICP 装置的原理示意图如图 2-4 所示。通常,它由高频发生器、等离子炬管和雾化器等三部分组成。等离子炬管由三层同轴石英管组成，外层石英管通冷却气（Ar 气），沿切线方向引入，并螺旋上升，其作用是将等离子体吹离外层石英管的内壁，可保护石英管不被烧毁；同时，这部分 Ar 气也参与放电过程。中层石英管出口做成喇叭形，通入 Ar 气（工作气体），起维持等离子体的作用。内层石英管内径为 1～2 mm，以 Ar 为载气，把经过雾化器的试样溶液以气溶胶形式引入等离子体中。用 Ar 气作工作气体的优点：Ar 为单原子惰性气体，不与试样组分形成难解离的稳定化合物，也不像分子那样因解离而消耗能量，有良好的激发性能，本身光谱简单。

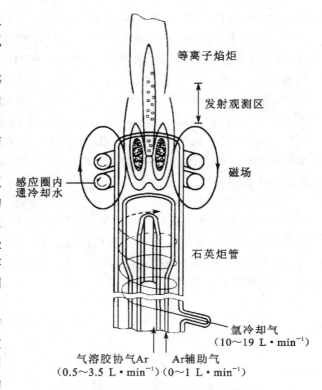

**图 2-4　电感耦合高频等离子体炬示意图**

三层同轴石英炬管放在高频感应线圈内，感应线圈与高频发生器连接。当感应线圈与高频发生器接通时，高频电流流过负载线圈，并在炬管的轴线方向产生一个高频磁场。此时若用电火花引燃，管内气体触发产生电离粒子。带电粒子因受高频磁场的作用而被加速，在气体中形成能量很大的环形涡流（垂直于管轴方向），这个几百安培的环形涡流瞬间就将气体加热到近万度的高温，并在管口形成一个火炬状的等离子炬。然后试样气溶胶由喷嘴喷入等离子体中进行蒸发、汽化、原子化和激发。

由于高频感应电流的趋肤效应，等离子体外层电流密度大、温度高，中心电流密度最小，温度最低。这样，中心通道进样，不影响等离子体的稳定性，同时不会产生谱线吸收现象。ICP 光源具有灵敏度高、检测限低、精密度好（相对标准偏差一般为 0.5%～2%）、工作曲线线性范围宽等优点。同一份试液可用于从宏量至痕量元素的分析，试样中基体和共存元素的干扰小，甚至可以用一条工作曲线测定不同基体的试样中的同一元素，为光电直读式光谱仪提供了一个理想的光源。

### 2.3.2　光谱仪

　　光谱仪的作用是将光源发射的不同波长的光色散成为光谱或单色光,并且进行记录和检测。光谱仪的种类很多,根据记录方式不同,光谱仪可分为看谱仪、摄谱仪和光电光谱仪。它们对应于三种不同的光分析技术,即看谱法、摄谱法和光电光谱法。三种方法基本原理都相同,都是激发试样获得的复合光通过入射狭缝射在分光组件上,使之色散成光谱,然后通过测量谱线而检测试样中的分析元素。区别在于看谱法用人眼接收,摄谱法用感光板接收,而光电法用光电倍增管、阵列检测器接收光辐射。

　　用感光板来接收与记录光谱的方法称为照相法,采用照相法记录光谱的原子发射光谱仪称为摄谱仪。摄谱仪采用光栅或棱镜作色散组件,图 2-5 为国产 WSP-1 型平面光栅摄谱仪的光路图。

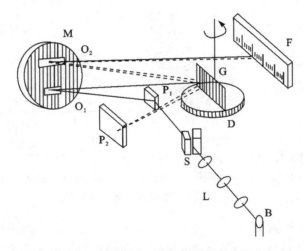

**图 2-5　WSP-1 型平面光栅摄谱仪光路图**

　　由光源 B 发出的光经三透镜 L 及狭缝 S 投射到反射镜 $P_1$ 上,经反射之后投射到凹面反射镜 M 下方的准光镜 $O_1$ 上,变为平行光,再射至平面光栅 G 上。波长长的光,衍射角大,波长短的光,衍射角小,复合光经过光栅色散之后,便按波长顺序被分开。不同波长的光由凹面反射镜上方的物镜 $O_2$ 聚焦于感光板的乳剂面 F 上,得到按波长顺序展开的光谱。转动光栅台 D,改变光栅角度,可以调节波长范围和改变光谱级次。$P_2$ 是二级衍射反射镜,图中虚线表示衍射光路。为了避免一次和二次衍射光相互干扰,在暗箱前设一光阑,将一次衍射光谱挡掉。不用二次衍射时,转动挡光板将二次衍射反射镜 $P_3$ 挡住。光栅光谱利用的是非零级光谱。

利用光栅摄谱仪进行定性分析十分方便,且该类仪器的价格较便宜,测试费用也较低,而且感光板所记录的光谱可长期保存,因此目前应用仍十分普遍。

### 2.3.3　观测设备

(1)映谱仪:映谱仪又称为光谱投影仪,是一个放大光谱线的仪器,其放大倍数为 20 倍左右,主要用于光谱定性分析译谱和半定量分析。图 2-6 是光谱投影仪的光路图。

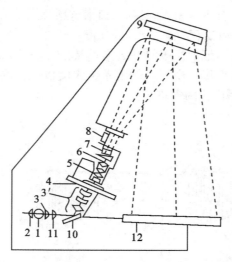

1—光源;2—球面反射镜;3—聚光镜;3′—聚光镜组;4— 光谱底板;5—透镜;6—投影物镜组;7—棱镜;8—调节透镜;9—平面反射镜;10—反射镜;11— 隔热玻璃;12—投影屏

**图 2-6　光谱投影仪光路图**

光源 1 的光线经过球面反射镜 2 反射后,经聚光镜 3 及隔热玻璃 11,再经反射镜 10 将光线转折 55°,由聚光镜组 3′ 射向被分析的光谱底板 4。投影物镜组 6 将被均匀照射的光谱线经过棱镜 7 再由平面反射镜 9 反射投影于白色投影屏 12 上。

(2)测微光度计:测微光度计是用于测量感光板上所记录的谱线黑度的仪器,一般称为黑度计,主要用于光谱定量分析。

## 2.4　光谱定性分析

每一种元素的原子都有它的特征光谱,根据原子发射光谱中的元素特征谱线就可以确定试样中是否存在被检元素。通常将元素特征光谱中强度较大的谱线称为元素的灵敏线。只要在试样光谱中检出了某元素的灵敏线,就可以确证试样中存在该元素。反之,若在试样中未检出某元素的灵敏线,就说明试样中不存在被检元素,或者该元素的含量在检测灵敏度以下。

### 2.4.1　常用光谱定性分析方法

光谱定性分析常采用摄谱法,通过比较试样光谱与纯物质光谱或铁光谱来确定元素的存在。

(1)标准试样比较法:将欲检出元素的纯化合物与未知试样在相同条件下并列摄谱于同一块感光板上。显影、定影后在映谱仪上对照检查两列光谱,如果试样光谱中有谱线与这些元素纯物质光谱出现在同一波长位置,则说明试样中存在这些元素。标准试样比较法一般适应于作单项定性分析及有限分析。

(2)铁光谱比较法:此法是以铁的光谱为参比,通过比较光谱的方法检测试样的谱线。由于铁元素的光谱非常丰富,在 210～660 nm 范围内约有 4 600 条谱线,并且每条谱线的波长都已作了准确测定,载于谱线表内。通常将各个元素的分析线分别按波长位置标在铁谱相应的位置,预先制备"元素标准光谱图"(图 2-7),这样铁谱成了一个天然的标尺,测量其他元素谱线的波长就非常方便了。在进行定性分析时,将试样和纯铁并列摄谱。只要在映谱仪上观察所得谱片,使元素标准光谱图上的铁光谱谱线与谱片上摄取的铁谱线相重合,如果试样中未知元素的谱线与标准光谱图中已标明的某元素谱线出现的位置相重合,则该元素就有存在的可能。

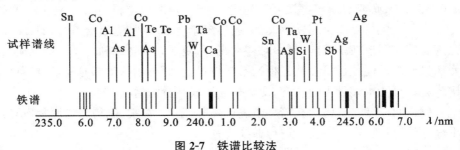

图 2-7　铁谱比较法

### 2.4.2　光谱定性分析操作过程

光谱定性分析的操作过程可分为试样处理、摄谱、检测谱线等几个步骤。

(1)试样处理:在摄谱前,试样往往要作一些预处理,处理的方法依试样的性质而定。

为使试样具有代表性,对矿石样品要先粉碎,再通过 150～200 目的分样筛。对金属或合金,最好用试样作电极。对溶液试样,一般先蒸发至结晶析出,然后放入电极孔中加热蒸干后再进行激发(ICP 光源,直接用雾化器将试样溶液引入等离子体内)。对于有机物试样,一般先低温干燥,然后在坩埚中灰化,最后再将灰化后的残渣置于电极小孔中激发。

将少量粉状试样装入电极小孔中,用电弧光源使试样蒸发到弧焰中去而产生激发光谱,是一种应用较多的方法。常用的电极材料为光谱纯的碳或石墨,通常根据试样性质不同而将其加工成各种形状。石墨具有导电性能良好、沸点高(可达 4 000 K)、有利于试样蒸发、谱线简单、容易制纯及容易加工成型等优点。缺点是在点弧时,碳或石墨与空气中的氮结合产生 CN,氰分子在 358.39~421.60 nm 范围内产生分子吸收(带状分子光谱),会干扰 Ca 417.2 nm,Ti 377.5 nm,Pb 405.7 nm,Mo 386.4 nm 等元素测定,此时可改用铜电极。

(2)摄谱:一般多采用中型光谱仪,但对谱线复杂的元素(如稀土元素等)则需选用色散率大的大型光谱仪。

在定性分析中,通常选用灵敏度高的直流电弧光源。为了减少谱线的重叠干扰和提高分辨率,摄谱时狭缝宽度为 5~7 $\mu m$,并选用灵敏度较高的感光板。激发时,必须将试样全部挥发完,通常根据电弧是否发出噪声并呈现紫色来判断是否完全挥发。

在进行光谱全分析时,对于复杂试样,可采用分段曝光法,先在小电流(5 A)激发,摄取易挥发元素光谱;然后移动感光板,改变曝光位置后,加大电流(10 A),再次曝光摄取难挥发元素光谱。摄谱顺序:碳电极(空白)、铁谱、试样。

为了避免待测光谱与铁谱间的错位影响,摄谱时要使用哈特曼(Hartman)光阑。该光阑放在狭缝前,摄谱时移动光阑,使不同试样或同一试样不同阶段的光通过光阑不同孔径摄在感光板的不同位置上,而不用移动感光板,这样可使光谱线位置每次摄谱都不会改变,便于相互比较,定性查找。

(3)检查谱线:摄谱后在暗室中进行显影、定影、冲洗,制得光谱底片,最后将干燥好的谱片放在映谱仪上进行谱线检查。

一般是使元素标准光谱图上的铁光谱谱线与谱片上摄取的铁谱线相重合,逐条检查各元素的灵敏线是否存在,以确定该元素的存在。当元素含量高时,也用其他特征谱线(不一定用灵敏线)。对于复杂试样,应考虑谱线重叠的干扰,一般至少应有 2~3 条灵敏线出现,才能判断该元素存在。

# 2.5　光谱定量分析

## 2.5.1　乳剂特性曲线

光谱分析中目前应用较广泛的是摄谱法,摄谱法用感光板记录谱线。感光板由照相乳剂均匀地涂布在玻璃板上而成。在光谱分析时,照射至感光板上的光线,使得感光板上的照相乳剂感光变黑形成谱线。常用黑度来表示谱线在感光板上的变黑程度。

谱线的黑度与试样含量、辐射的强度、曝光时间和感光板的乳剂性质等因素有关。黑度用测微光度计测量。测量光源的光投射在经过摄谱、曝光、显影及定影形成谱线的感光板上。未曝光部分透过光的强度为 $I_0$,曝光变黑部分透过光的强度为 $I$,则透光度:

$$T=\frac{I}{I_0} \tag{2-2}$$

黑度定义为透光度的倒数:

$$S=\lg\frac{1}{T}=\lg\frac{I_0}{I} \tag{2-3}$$

曝光量 $H$ 与照度 $E$ 及曝光时间 $t$ 的关系为

$$H=E \cdot t \tag{2-4}$$

照度 $E$ 表示投射到接收器上单位面积内的辐射功或辐射能量。黑度 $S$ 和曝光量的关系很复杂,不能用简单的数学式表示,而常用图解法表示。以黑度值 $S$ 为纵坐标、曝光量 $H$ 的对数 $\lg H$ 为横坐标作图,所得曲线称为乳剂特性曲线,如图 2-8 所示。该曲线分为三部分,$AB$ 部分称为曝光不足部分,斜率逐渐增大,即黑度随曝光量增大而缓慢增大。$CD$ 部分称为曝光过度部分,斜率逐渐减小。$BC$ 部分称为曝光正常部分,斜率恒定,黑度随曝光量的变化按比例增加。对光谱化学分析,重要的是 $BC$ 部分,这一部分曝光量 $H$ 和黑度 $S$ 的关系为

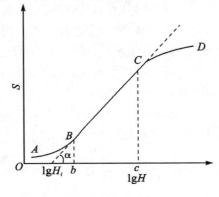

**图 2-8 乳剂特性曲线**

$$S=\gamma(\lg H-\lg H_i)=\gamma\lg H-i \tag{2-5}$$

式中,$\lg H_i$ 是直线 $BC$ 的延长线在横坐标上的截距,是外推至 $S=0$ 时的曝光量,对一定的乳剂来说,$\gamma\lg H_i$ 为一定值,用 $i$ 表示。$H_i$ 称为感光板乳剂的惰延量。$H_i$ 的倒数是感光板乳剂的灵敏度。$H_i$ 越大,感光板乳剂越不灵敏。$BC$ 在横坐标上的投影 $bc$ 称为感光板乳剂的展度,在一定程度上,它决定了感光板适用的定量分析含量范围的大小。

$\gamma$ 是乳剂特性曲线直线部分的斜率,称为感光板乳剂的反衬度。反衬度 $\gamma$

表示曝光量改变时,黑度变化的快慢。$\gamma$ 大,易感光,对微量成分的检测有利;$\gamma$ 小,感光慢,黑度均匀对定量分析有利。

## 2.5.2 定量分析原理

光谱定量分析是根据谱线强度与被测元素浓度的关系来进行的。当温度一定时谱线强度 $I$ 与被测元素浓度 $c$ 之间符合(2-6)式:

$$I = ac^b \qquad (2\text{-}6)$$

此式为光谱定量分析的基本关系式,是 1930 年洛马金及 1931 年赛伯提出的,称为洛马金公式。式中,$a$ 与 $b$ 为两个常数。$a$ 与固体物质(试样或电极)转变为气体状态以至发生辐射的过程有关,$b$ 为自吸系数,它决定于谱线自吸收的程度。

试样的蒸发与激发条件,以及试样的组成与形态都会影响赛伯-洛马金公式中的比例常数 $a$,即影响谱线的 $I$,而在实际工作中要完全控制这些因素有一定的困难。因此,用测量谱线的绝对强度进行分析,难以获得准确的结果,因而多采用内标法进行光谱的定量分析。

内标法是以测量谱线的相对强度来进行光谱定量分析的方法。具体做法:在分析元素的谱线中选择一条谱线,称为分析线,再在基体元素(或试样中加入定量的其他元素)的谱线中选一条谱线,称为内标线。分析线和内标线称为分析线对,提供内标线的元素称为内标元素。根据分析线对的相对强度与被测元素含量的关系进行定量分析。

设被测元素和内标元素的含量分别为 $c$ 和 $c_0$,分析线对的强度分别为 $I$ 和 $I_0$,自吸系数分别为 $b$ 和 $b_0$,则

$$I = ac^b, \quad I_0 = a_0 c_0^{b_0} \qquad (2\text{-}7)$$

分析线对的强度比 $R$ 为

$$R = \frac{I}{I_0} = \frac{ac^b}{a_0 c_0^{b_0}} \qquad (2\text{-}8)$$

由于 $c_0$ 一定,$b_0$ 也一定,而且各种条件因素对 $a$ 和 $a_0$ 影响基本相同,所以:

$$\frac{a}{a_0 c_0^{b_0}} = A \qquad 为常数 \qquad (2\text{-}9)$$

即

$$R = \frac{I}{I_0} = Ac^b \text{ 或 } \lg R = \lg A + b \lg c \qquad (2\text{-}10)$$

上式为内标法光谱定量分析的基本公式。在常用的摄谱法中,测得的是谱板上谱线的黑度而不是强度 $I$。若分析线和内标线的黑度均落在乳剂特性曲线的直线部分,由乳剂特性曲线直线部分曝光量 $H$ 与黑度 $S$ 的关系可得:

$$S=\gamma \lg H-i=\gamma \lg (E \cdot t)-i \qquad (2\text{-}11)$$

照度 $E$ 与谱线强度 $I$ 成正比,则

$$S=\gamma \lg (K \cdot I \cdot t)-i \qquad (2\text{-}12)$$

设 $S$ 和 $S_0$ 分别为分析线和内标线的黑度,由上式得:

$$S=\gamma \lg (K \cdot I \cdot t)-i, \quad S_0=\gamma_0 \lg (K \cdot I_0 \cdot t_0)-i_0 \qquad (2\text{-}13)$$

在同一感光板上曝光的时间相等,当分析线对的波长、强度相近时,那么 $t=t_0, \gamma=\gamma_0, i=i_0$ 因此,分析线对的黑度差为

$$\Delta S=S-S_0=\gamma \lg \frac{I}{I_0}=\gamma \lg R \qquad (2\text{-}14)$$

上式与内标法光谱定量分析的基本公式结合得

$$\Delta S=\gamma \lg R=\gamma b \lg c+\gamma \lg A \qquad (2\text{-}15)$$

从(2-15)式知,分析线和内标线的黑度差 $\Delta S$ 与试样中被分析元素浓度的对数 $\lg c$ 呈线性关系。这是光谱定量分析使用的定量公式。

内标法作定量分析,需要解方程中的常数 $A$ 与 $b$ 才能求得元素的含量。为减小分析误差,在工作中广泛采用标准曲线法。标准曲线法(又称三标准试样法)是指在分析时,配制一系列被测元素的标准样品(不少于三个),将标准样品和试样在相同的实验条件下,在同一感光板上摄谱,感光板经处理后,测量标准样品的分析线对的黑度值差 $\Delta S$,将 $\Delta S$ 与其含量的对数值 $\lg c$ 绘制标准曲线,再由试样的分析线对的黑度值差,从标准曲线上查出试样中被测元素的含量。

## 参考文献

[1] 刘密新,罗国安,等. 仪器分析[M]. 2 版. 北京:清华大学出版社,2002.

[2] 朱明华. 仪器分析[M]. 北京:高等教育出版社,1983.

[3] 金文睿,魏继中,等. 基础仪器分析[M]. 济南:山东大学出版社,1993.

编写人:彭学伟

# 第3章  原子吸收光谱法与原子荧光光谱法

## 3.1  原子吸收光谱法

### 3.1.1  引言

原子吸收光谱法是 20 世纪 50 年代中期出现并逐渐发展起来的一种新型的仪器分析方法,这种方法根据蒸气相中被测元素的基态原子对其原子共振辐射的吸收强度来测定试样中被测元素的含量。利用原子吸收可测定的元素达 70 多种,不仅可以测定金属元素,也可以用间接原子吸收法测定非金属元素和有机化合物。原子吸收的特点是检出限低、灵敏度高、精密度高、选择性好、应用范围广,因而在地质、冶金、机械、化工、农业、食品、轻工、生物医药、环境保护、材料科学等各个领域有着广泛的应用。

### 3.1.2  方法原理

原子吸收光谱法是基于从光源发射出的被测元素的特征辐射通过被测元素的原子蒸气,被待测元素的基态原子所吸收,通过测定特征辐射被减弱的程度求得样品中被测元素含量。图 3-1 是原子吸收分析示意图

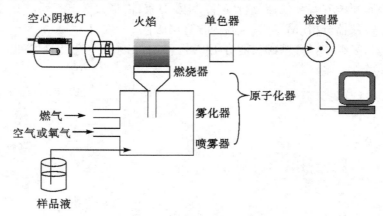

**图 3-1  原子吸收分析示意图**

当光源发射线的半宽度小于吸收线的半宽度(锐线光源),且发射线中心频

率或波长与吸收线中心频率或波长相一致时,光源的发射线通过一定厚度的原子蒸气,并被基态原子所吸收,吸光度与原子蒸气中待测元素的基态原子数的关系符合朗伯-比耳定律:

$$A=\lg \frac{I_0}{I}=K'N_0L \tag{3.1}$$

式中,$I_0$ 和 $I$ 分别为入射光和透过光强度;$N_0$ 为单位体积原子蒸气中基态原子数;$L$ 为原子蒸气吸收层的厚度;$K'$ 为与实验条件有关的常数。

在通常的火焰和石墨炉原子化温度高约 3 000 K 的条件下,按照玻尔兹曼分布,处于激发态的原子数很少,与基态原子数相比可以忽略不计。除了强烈电离的碱金属和碱土金属元素外,实际上可以将基态原子数 $N_0$ 视为总原子数 $N$。在实际工作中,要求测定的是试样中待测元素的浓度 $C$,在确定的实验条件下,蒸汽相中的原子数 $N$ 与试样中待测元素的浓度成正比:

$$N=\alpha C \tag{3.2}$$

式中,$\alpha$ 为比例系数。

将式(3.2)代入式(3.1)得:

$$A=KCL \tag{3.3}$$

式中,$K$ 是与实验条件有关的参数。式(3.3)表明,吸光度与试样中被测元素浓度成正比。这就是原子吸收光谱法的基本公式。

### 3.1.3　仪器结构与原理

原子吸收光谱仪由光源、原子化器、分光器、检测系统等几部分组成。按照原子化的方式不同可分为火焰原子吸收光谱仪和石墨炉原子吸收光谱仪。

#### 3.1.3.1　光源

光源的功能是发射被测元素的特征共振辐射。对光源的基本要求是发射的共振辐射的半宽度要明显小于吸收线的半宽度,辐射强度大、背景低,稳定性好。

目前广泛应用的是空心阴极灯。它有一个由被测元素材料制成的空心阴极和一个由钛、锆、钽或其他材料制作的阳极。阴极和阳极封闭在带有光学窗口的硬质玻璃管内,管内充有低压的氖或氩气。

当在阴阳两极施加电压时,气体发生电离,正离子在电场作用下撞击阴极,使阴极表面的金属原子溅射出来。除溅射作用之外,阴极受热也导致阴极表面元素的热蒸发。溅射与蒸发出来的原子与电子、原子、离子等发生碰撞而受到激发,发射出相应元素的特征的共振辐射。一般情况下,每测一种元素需换相应元素的空心阴极灯。

空心阴极灯常采用脉冲供电方式,以改善放电特性,同时将有用的原子吸收信号与原子化池的直流发射信号区分开,称为光源调制。在实际工作中,应选择合适的工作电流。若灯电流过小,放电不稳定;灯电流过大,溅射作用增加,原子蒸气密度增大,谱线变宽,甚至引起自吸,导致测定灵敏度降低,灯寿命缩短。

空心阴极灯在使用时要注意以下几点:

①制造商已规定了灯的最大使用电流,使用时不得超过最大额定电流,否则会使阴极材料大量溅射、热蒸发或阴极熔化,寿命缩短,甚至发生永久性损坏。

②灯若长期搁置不用,将会因慢漏气、零部件放气等原因而不能正常使用,甚至不能点燃,所以每隔3~4个月,应将不常用的灯点燃2~3 h,以保障灯的性能,延长其寿命。

### 3.1.3.2 原子化器

原子化器的功能是提供能量,使试样干燥、蒸发和原子化。在原子吸收光谱分析中,试样中被测元素的原子化是整个分析过程的关键环节。

(1)火焰原子化器。

火焰原子化法常用预混合型原子化器,这种原子化器由雾化器、混合室和燃烧器组成。

原子吸收测定中最常用的火焰是乙炔-空气火焰,此外,应用较多的是氢-空气火焰和乙炔-氧化亚氮高温火焰。乙炔-空气火焰燃烧稳定,重现性好,噪声低,燃烧速度不是很大,温度足够高(约2 300℃),对大多数元素有足够的灵敏度。燃气乙炔有钢瓶供给,其管道与接头严禁使用铜及银质材料,因为乙炔与铜、银能生成易爆的乙炔铜或乙炔银。氢-空气火焰是氧化性火焰,燃烧速度较乙炔-空气火焰高,但温度较低(约2 050℃),优点是背景发射较弱,透射性能好。乙炔-氧化亚氮火焰的特点是火焰温度高(约3 000℃),而燃烧速度并不快,是目前应用较广泛的一种高温火焰,用它可测定70多种元素。

(2)石墨炉原子化器。

常用的是管式石墨炉原子化器。其基本原理是将试样放置在电阻发热体上,用大电流通过电阻发热体,产生高达2 000℃~3 000℃的高温,使样品蒸发和原子化。

试样用量只需几微升。为了防止试样及石墨管氧化,在加热时通入氮或氩保护气,试样原子化是在惰性气体保护下于碳还原气氛中进行的,有利于氧化物分解和自由原子的生成。该方法用样量小,样品利用率高,原子在吸收区内平均停留时间较长,绝对灵敏度高。液体和固体试样均可直接进样。缺点是基体干扰及背景大,测定的重现性较火焰原子化法差。

石墨炉原子化器的操作分为干燥、灰化、原子化和净化四步,由微机控制实行程序升温。

(3)低温原子化法。

低温原子化是利用某些元素(如 Hg)本身或元素的氢化物(如 $AsH_3$)在低温下的易挥发性,将其导入气体流动吸收池内进行原子化。目前通过该原子化方式测定的元素有 Hg、As、Sb、Se、Sn、Bi、Ge、Pb、Te 等。氢化物的生成是一个氧化还原过程,所生成的氢化物是共价分子型化合物,沸点低、易挥发分离分解。以 As 为例,反应过程可表示如下:

$$AsCl_3 + 4NaBH_4 + HCl + 8H_2O = AsH_3 + 4NaCl + 4HBO_2 + 13H_2$$

$AsH_3$ 在热力学上是不稳定的,在 900℃温度下就能分解析出自由 As 原子,实现快速原子化。

### 3.1.3.3　光学系统

光学系统可分为两部分:外光路系统(或称照明系统)和分光系统(单色器)。分光系统主要由色散原件(光栅或棱镜)、反射镜、狭缝等组成。其作用是将待测元素的共振线与邻近谱线分开。现在商品仪器都是使用光栅。原子吸收光谱仪对分光器的分辨率要求不高,曾以能分辨开镍三线 Ni230.003、Ni231.603、Ni231.096 nm 为标准,后采用 Mn279.5 和 279.8 nm 代替 Ni 三线来检定分辨率。光栅放置在原子化器之后,以阻止来自原子化器内的所有不需要的辐射进入检测器。通常根据谱线的结构和欲测共振线附近是否有干扰线来决定单色器狭缝的宽度。若待测元素比较复杂(如铁族元素、稀土元素)或有连续背景的,则狭缝宜小。若待测元素的谱线简单,共振线附近没有干扰线(如碱金属、碱土金属),则狭缝可以较大,以提高信噪比降低检测线。

### 3.1.3.4　检测系统

检测系统由检测器、放大器、对数转换器和显示装置组成。

## 3.1.4　分析方法

### 3.1.4.1　标准曲线法

这是最常用的基本分析方法。配制一组浓度合适的标准溶液,在最佳测定条件下,由低浓度到高浓度依次测定它们的吸光度 $A$,以吸光度 $A$ 对浓度 $C$ 作图。在相同的测定条件下,测定未知样品的吸光度,从 $A$-$C$ 标准曲线上用内插法求出未知样品中被测元素的浓度。

### 3.1.4.2　标准加入法

当待测样品组成复杂(含量低)时,标准溶液难以和试样组成一致,这时基体效应对测试影响大,往往采用标准加入法进行定量分析。

分取几份等量的被测试样,其中一份不加入被测元素,其余各份试样中分别加入不同已知量 $C_1$,$C_2$,$C_3$,$\cdots$,$C_n$ 的被测元素,然后,在标准测定条件下分别测定它们的吸光度 $A$,绘制吸光度 $A$ 对被测元素加入量 $C$ 的曲线(参见图 3-2)。

如果被测试样中不含被测元素,在正确校正背景之后,曲线应通过原点;如果曲线不通过原点,说明含有被测元素,截距所相应的吸光度就是被测元素所引起的效应。外延曲线与横坐标轴相交,交点至原点的距离所相应的浓度 $C_x$,即为所求的被测元素的含量。应用标准加入法,一定要彻底校正背景。

注意:

①$A$ 与 $C$ 同样应成线性关系;

②曲线至少由四点组成,且斜率同样不能太小;

③标准曲线斜率不能太小否则外延后会引入较大误差。因此加入的标准溶液与试样溶液的浓度之比应相适当。可通过比较试样溶液和标准溶液的吸光度来判断。

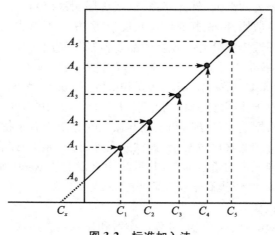

图 3-2　标准加入法

# 3.2　原子荧光光谱法

## 3.2.1　引言

原子荧光光谱法(atomic fluorescence spectrometry,AFS)是 20 世纪 60 年代发展起来的一种新的痕量元素分析方法。这种方法是通过测量被测定元素的原子蒸气在辐射能激发下产生的荧光发射强度来测定待测元素含量的一种发射光谱分析方法,由于所用仪器与原子吸收光谱法相似,故在本章讨论。原子荧光光谱法的主要优点是:

(1)方法的灵敏度高,检出限低。例如锌、镉元素的检出限分别可达 0.04 ng・$mL^{-1}$和 0.001 ng・$mL^{-1}$。现已有 20 多种元素的检出限优于原子吸收光谱法。由于原子荧光的辐射强度与激发光强度成正比,采用新的高强度光源可进一步降低其检出限。

（2）线性范围宽。在低浓度范围内，标准曲线的线性范围可达 3～5 个数量级。

（3）谱线比较简单，可以采用无色散的原子荧光仪器，仪器结构较简单，价格便宜。

（4）由于原子荧光是朝空间各个方向发射的，便于制造多通道仪器，实现多元素同时测定。

原子荧光光谱法目前多用于砷、铋、汞、铅、硒、碲、锡和锌等元素的分析，在地质冶金、环境科学、材料科学、生物医学、石油、农业等领域得到了日益广泛的应用。但由于存在荧光淬灭效应、散射光的干扰和复杂基体的试样测定比较困难等问题，限制了原子荧光光谱法的应用。相比之下，该方法不如原子发射光谱法和原子吸收光谱法应用广泛，但可作为这两种方法的补充。

### 3.2.2 基本原理

当气态基态原子吸收了特征辐射后被激发到高能态，大约在 $10^{-8}$ s 内又跃迁回到低能态或基态，同时发射出与入射光相同或不同波长的光，这种现象称为原子荧光。这是一种光致原子发光现象，也是二次发光，当激发光源停止照射后，再发射过程立即停止。各种元素都有特定的原子荧光光谱，根据原子荧光的特征波长进行元素的定性分析，根据原子荧光的强度进行定量分析。

原子荧光主要分为三大类：共振原子荧光、非共振原子荧光和敏化原子荧光。原子荧光产生的机理如图 3-3 所示：

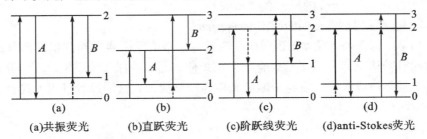

(a)共振荧光　　(b)直跃荧光　　(c)阶跃线荧光　　(d)anti-Stokes荧光

A—吸收；F—荧光；虚线表示无辐射跃迁；0—表示原子基态；1，2，3—表示原子激发态

**图 3-3　原子荧光的产生过程**

#### 3.2.2.1　共振原子荧光（resonance fluorescence）

气态基态原子吸收的辐射和发射的荧光波长相同时，即产生共振原子荧光，如图 3-3(a)所示。由于共振原子荧光的跃迁概率比其他跃迁方式的概率大得多，所以共振原子荧光线的强度最大，它是原子荧光分析中最常用的一种荧光。例如，Cd 228.8 nm、Ni 233.0 nm、Pb 283.3 nm 和 Zn 213.9 nm 都是共振原子荧光。

#### 3.2.2.2　非共振原子荧光（non-resonance fluorescence）

气态基态原子吸收的辐射和发射的荧光波长不相同时，即产生非共振原子荧光。非共振原子荧光包括直跃线荧光、阶跃线荧光和反斯托克斯荧光,如图 3-3(b)、(c)、(d)所示。

(1)直跃线原子荧光(direct-line fluorescence)。

气态基态原子吸收辐射被激发到高能态,再由高能态直接跃迁至高于基态的较低能态时所发射的荧光。产生的荧光波长大于吸收的辐射波长。例如,基态铅原子吸收 283.31 nm 的辐射后,产生 Pb 405.78 nm 和 Pb 722.9 nm 的直跃线原子荧光。在某些情况下,直跃线原子荧光的强度比共振荧光还强。

(2)阶跃线原子荧光(stepwise fluorescence)。

气态基态原子吸收辐射被激发到高能态,由于与其他粒子发生碰撞作用,以无辐射去激发跃迁至较低能态,再辐射跃迁至基态时所发射的荧光。产生的荧光波长大于吸收的辐射波长。例如,基态钠原子吸收 330.30 nm 的辐射后,激发到高能级,先以无辐射方式跃迁至较低激发态,然后再跃迁至基态,产生 Na 588.99 nm 的阶跃线原子荧光。

(3)反斯托克斯荧光(anti-Stokes fluorescence)。

气态基态原子激发跃迁到高能级时,其激发能一部分是吸收了辐射能,另一部分是吸收了热能,然后跃迁至低能级时所发射的荧光。产生的荧光波长小于吸收的辐射波长。由于原子激发时吸收了一部分热能,所以这种荧光也称为热助反斯托克斯荧光。例如,基态铬原子吸收 359.3 nm 的辐射后,再经热激发后,产生 Cd 357.8 nm 的反斯托克斯荧光。

### 3.2.2.3 敏化荧光(sensitized fluorescence)

当某一原子(A)吸收光辐射能受激发(A*),该原子通过碰撞将其部分或全部的能量转移至另一不同元素的原子(B),使该元素的原子受激发(B*),当其返回到较低能级或基态时发射出的荧光称为敏化荧光。这一过程可用下式表示:

$$A + h\nu \rightarrow A^*$$
$$A^* + B \rightarrow A + B^*$$
$$B^* \rightarrow B + h\nu$$

例如,用波长 253.65 nm 的光激发汞原子,激发态汞与铊原子碰撞,产生铊原子的 377.57 nm 和 535.05 nm 的敏化荧光。产生这类荧光要求 A 原子的浓度很高,因此在火焰原子化器中难以实现,在非火焰原子化器中才能观察到。

在上述各类原子荧光中,共振荧光最强,测定时常用作分析线。有时为了消除散射和自吸的影响,为了避免激发光波长处火焰的强烈背景发射的干扰,可选用直跃线荧光谱线作分析线。

在原子荧光发射中,受激原子发射的荧光强度 $I_f$ 与基态原子吸收特征辐射的强度 $I_a$ 成正比,即

$$I_f = \varphi I_a \tag{3.4}$$

式中，$\varphi$ 为荧光量子效率（fluorescence efficiency），它表示发射荧光光子数与吸收激发光光子数之比，通常 $\varphi < 1$。

根据原子吸收理论，气态基态原子密度近似等于原子总密度，这样，基态原子吸收特征辐射而受激发时，被基态原子吸收的辐射强度 $I_a$ 可由光的吸收定律表示：

$$I_a = I_0 A [1 - e^{-klN}] \tag{3.5}$$

式中，$I_0$ 为单位面积上入射光的强度；$A$ 为入射光照射光检测系统中观察到的有效面积；$l$ 为吸收光程长度；$N$ 为吸收辐射的基态原子密度；$k$ 为峰值吸收系数。将式（3.5）代入式（3.4），得

$$I_f = \varphi A I_0 [1 - e^{-klN}] \tag{3.6}$$

将式（3.6）括号内的项展开，得

$$I_f = \varphi A I_0 klN [1 - klN/2 + (klN)^2/6 - \cdots] \tag{3.7}$$

当原子密度很低时，式（3.7）中 $klN/2$ 项及以后各项可以忽略不计，得

$$I_f = \varphi A I_0 klN \tag{3.8}$$

当仪器和工作条件一定时，式（3.8）中除 $N$ 外皆为常数，$N$ 又与试样中被测元素的浓度 $c$ 成正比，得

$$I_f = Kc \tag{3.9}$$

式中，$K$ 为常数。式（3.9）即原子荧光定量分析的基本关系式。

### 3.2.3　仪器结构

原子荧光分光光度计的主要部件包括激发光源、原子化系统、分光系统、检测系统、光源与检出信号的电源同步调制系统五部分。仪器的基本结构和原子吸收分光光度计相似，如图 3-4 所示。其主要区别是，在原子荧光分析中，为了避免激发光源发射的辐射对原子荧光检测信号的影响，将激发光源与检测器成直角配置。

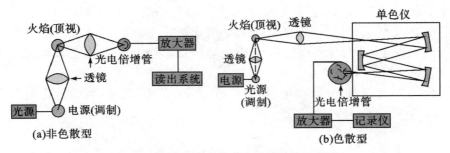

图 3-4　原子荧光分光光度计的结构示意图

### 3.2.3.1 激发光源

原子荧光分光光度计必须使用强的激发光源,原子荧光的激发光源可以是锐线光源,如高强度空心阴极灯、无线放电灯、激光等;也可以是连续光源,如高压氙弧灯。要求激发光源具有高发射强度和高度稳定性。它应该与信号检波放大器进行电源同步调制,以便消除原子化器中的原子发射干扰。

### 3.2.3.2 原子化器

使试样原子化的方法有火焰原子化器和石墨炉原子化器。还可以用 ICP 焰炬等。

### 3.2.3.3 分光系统

对于色散型仪器,由于原子荧光强度很低,谱线少,因而要求单色器有较强的聚光能力,但对色散率要求不高,一般用 $0.2 \sim 0.3$ m 光栅即可满足要求;对于非色散型仪器,一般采用滤光器来分离分析线和邻近谱线,可降低背景,并尽可能多地利用荧光通量。

### 3.2.3.4 检测系统

色散型仪器采用光电倍增管,非色散型仪器多用日盲光电倍增管(R166),它的光阴极由 Cs-Te 材料制成,对 $160 \sim 280$ nm 波长的辐射有很高的灵敏度,但对大于 320 nm 波长的辐射不灵敏。

### 3.2.4 定量分析方法

根据式(3.9),荧光强度与待测元素的浓度成正比,可采用标准曲线法进行定量分析,即作 $I_f - c$ 标准曲线。在同样条件下测得试样中待测元素的荧光强度,从标准曲线查得元素的含量。在某些情况下,也可采用标准加入法进行定量分析。

## 参考文献

[1] 方惠群,于俊生,史坚. 仪器分析. 北京:科学出版社,2002.

[2] 刘密新,罗国安,等. 仪器分析. 2 版[M]. 北京:清华大学出版社,2002.

[3] 朱明华. 仪器分析. 4 版. 北京:高等教育出版社,2008.

[4] 华中师范大学等 6 所高校编. 分析化学. 4 版. 下册. 北京:高等教育出版社,2012.

[5] 曾永淮,林树昌. 分析化学(仪器分析部分). 2 版. 北京:高等教育出版社,2004.

编写人:刘雪静,李爱峰

# 第4章　紫外-可见吸收光谱法

## 4.1　引言

　　紫外-可见吸收光谱法(ultraviolet-visible absorption spectrometry, UV-VIS)，是根据溶液中物质的分子或离子对紫外和可见光谱区辐射能的吸收对物质进行定性、定量和结构分析的方法，也称作紫外-可见分光光度法(ultraviolet-visible spectrophotometry)。它包括比色分析法和紫外-可见分光光度法。比较有色物质溶液颜色深浅来确定物质含量的方法称为比色分析法，它属于可见吸收光度法的范畴。使用分光光度计进行吸收光谱分析的方法称作分光光度法。

　　紫外区分为远紫外区(10～200 nm)和近紫外区(200～400 nm)。由于空气中的氧、二氧化硫及水蒸气等都吸收远紫外光，因此要研究物质分子对远紫外光的吸收必须在真空条件下进行，所以远紫外区又称为真空紫外区。鉴于真空紫外需要昂贵的真空紫外光谱仪器，故其应用受到限制。通常所说紫外-可见光谱法，实际上是指近紫外-可见光谱法。

## 4.2　方法原理

### 4.2.1　吸收光谱的产生

　　紫外-可见吸收光谱属于分子吸收光谱，是由分子的外层价电子跃迁产生的，也称电子光谱。它与原子光谱的线状光谱不同。每种电子能级的跃迁会伴随若干振动和转动能级的跃迁，使分子光谱呈现出比原子光谱复杂得多的宽带吸收。

　　当分子吸收紫外-可见区的辐射后，产生价电子跃迁。这种跃迁有三种形式：形成单键的 $\sigma$ 电子跃迁；形成双键的 $\pi$ 电子跃迁；未成键的 $n$ 电子跃迁。

　　分子内的电子能级图见图4-1。由图可见，电子跃迁有 $n \rightarrow \pi^*$，$n \rightarrow \sigma^*$，$\sigma \rightarrow \sigma^*$，$\pi \rightarrow \pi^*$ 四种类型。各种跃迁所需能量不同，其大小顺序为 $\sigma \rightarrow \sigma^* > n \rightarrow \sigma^* \geqslant \pi \rightarrow \pi^* > n \rightarrow \pi^*$。通常未成键的孤对电子较易激发，成键电子中 $\pi$ 电子较相应的 $\sigma$ 电子具有较高的能量，反键电子则相反。故简单分子中 $n \rightarrow \pi^*$ 跃迁所需能量最小，吸收带出现在长波方向；$n \rightarrow \sigma^*$ 及 $\pi \rightarrow \pi^*$ 跃迁的吸收带出现在较短波

段;$\sigma \rightarrow \sigma^*$ 跃迁吸收带则出现在远紫外区。

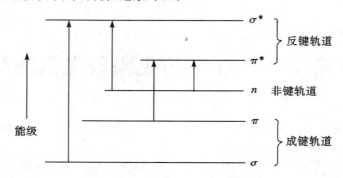

图 4-1　电子能级和跃迁类型

## 4.2.2　紫外吸收光谱与分子结构的关系

有机化合物的紫外吸收光谱常被用作结构分析的依据,因为有机化合物的紫外吸收光谱的产生与它的结构是密切相关的。

(1)饱和有机化合物:饱和有机化合物只有 $\sigma$ 电子,只产生 $\sigma \rightarrow \sigma^*$ 跃迁,吸收带在远紫外区。由于饱和有机化合物在 $200 \sim 400$ nm 不产生吸收,所以在紫外光谱分析中常用它做溶剂。

有助色团相连的饱和烃,除了有 $\sigma \rightarrow \sigma^*$ 跃迁外,还有 $n \rightarrow \sigma^*$ 跃迁,使吸收带向长波移动,故含有—OH,—NH$_2$,—NR$_2$,—OR,—SR,—Cl,—Br 等助色团时,有红移现象。

(2)不饱和脂肪族有机化合物:此类化合物中含有 $\pi$ 电子,产生 $\pi \rightarrow \pi^*$ 跃迁,在 $175 \sim 200$ nm 处有吸收。若存在有—NR$_2$,—OR,—SR,—Cl 等基团,也产生红移并使吸收强度增大。对含共轭双键的化合物、多烯共轭化合物,则由于大 $\pi$ 键的形成,使吸收带红移且吸收强度也显著增加。在共轭体系中 $\pi \rightarrow \pi^*$ 跃迁产生的吸收带又称为 K 带。

(3)醛和酮:醛、酮中均含有羰基,存在 $n$,$\pi$,$\sigma$ 三种电子,一般紫外-可见分光光度计测量的是 $n \rightarrow \pi^*$ 产生的吸收,其 $\lambda_{max}$ 在 $270 \sim 300$ nm($\varepsilon = 10 \sim 20$ L·mol$^{-1}$·cm$^{-1}$)附近,又称 R 吸收带。R 带是醛和酮的特征吸收带,是判断醛酮存在的重要依据。

(4)芳香化合物:苯环有 $\pi \rightarrow \pi^*$ 跃迁及振动跃迁,其特征吸收带在 $230 \sim 270$ nm 附近有弱吸收的 B 带,虽然强度较弱,但在气相或非极性溶剂中测定时呈现出明显的精细结构,使之成为芳香族化合物的重要吸收带,常用于识别芳香族化合物。当有—OH,—CHO 和—NH$_2$ 取代基时,$\lambda_{max}$产生红移,吸收强度也增加,但由于 $n \rightarrow \pi^*$ 跃迁使得 B 带的精细结构消失。

(5)稠环芳香族化合物:稠环芳香族化合物的紫外吸收光谱的最大特征是共轭体系增加,使波长红移甚至可到可见光区,并且吸收强度增加。

(6)溶剂的影响:$n \rightarrow \pi^*$跃迁吸收带随溶剂极性加大向短波移动,而$\pi \rightarrow \pi^*$跃迁的吸收带随溶剂极性增加向长波移动。

(7)无机化合物:无机化合物除利用本身颜色或紫外区有吸收的特性外,为提高灵敏度,常采用三元配合的方法。金属离子配位数高,配体体积小,加上另一多齿配体可得到灵敏度增高、吸收值红移的效果。

### 4.2.3　光吸收基本定律

物质对光的吸收遵循朗伯-比耳定律,即当一定波长的光通过某吸光物质的溶液时,产生的吸光度 $A$ 与该物质的浓度及液层厚度的乘积成正比,其数学表达式为

$$A = \log \frac{I_0}{I_t} = \varepsilon b c$$

式中,$I_0$ 为入射光强度;$I_t$ 为透过光强度;$b$ 为液层厚度,单位 cm;$c$ 为被测物质浓度,单位为 $mol \cdot L^{-1}$;$\varepsilon$ 称为摩尔吸光系数,单位为 $L \cdot mol^{-1} \cdot cm^{-1}$。

## 4.3　仪器结构与原理

分光光度法所使用的仪器称为分光光度计。分光光度计一般由五个部分组成,即光源、单色器、样品吸收池、检测器、信号显示器。它的构造原理如图4-2所示。

### 4.3.1　光源

光源的作用是提供辐射。在可见区最常见的是钨灯,它适用的波长范围是320~2 500 nm。

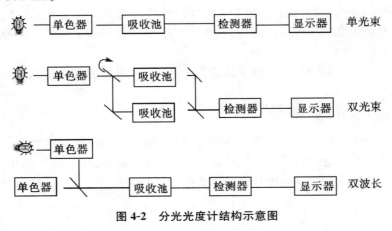

**图4-2　分光光度计结构示意图**

氢灯和氘灯是紫外区的常用光源,它们在 $180\sim375$ nm 波长范围内产生连续辐射,在相同操作条件下,氘灯的发射强度比氢灯约大 4 倍。玻璃对这段波长范围内的辐射有强烈吸收,必须采用石英光窗。紫外-可见分光光度计同时配有紫外和可见两种光源。

### 4.3.2 单色器

单色器的作用是将来自光源的混合光色散为单色光,并能任意改变波长的装置。它是分光光度计的心脏部分。单色器主要由狭缝、色散组件和准直镜等组成,关键是色散组件。

紫外-可见分光光度计均采用棱镜或光栅为色散组件,它们起着把混合光分解为各种波长的单色光的作用。

棱镜一般由玻璃或石英材料制成。玻璃棱镜可用于 $350\sim2\,000$ nm 波长范围,石英棱镜可用的波长范围为 $185\sim4\,000$ nm。紫外-可见分光光度计使用石英棱镜。

### 4.3.3 样品吸收池

紫外-可见分光光度计常用的吸收池有石英和玻璃两种材料制成。可见光区用硅酸盐玻璃吸收池,石英吸收池可用于紫外区和可见区。最常用的吸收池厚度是 1 cm。

### 4.3.4 检测器

检测器的作用是对透过样品池的光作出响应,并把它转变成电讯号输出,其输出电讯号的大小与透过光的强度成正比。分光光度计中常用的检测器有光电管和光电倍增管。

光电管是由一阴极和一阳极构成的,阴极是金属做成的半圆筒形,内涂光敏物质,阳极是一金属丝圈,放在玻璃或石英泡内。泡内抽真空或充少量惰性气体。光照射于光敏阴极时,阴极就发射出电子并被引向阳极而产生电流。入射光越强,光电流越大。

光电倍增管是检测弱光最常用的光电组件,它的灵敏度比光电管高 200 多倍。

### 4.3.5 信号显示器

分光光度计信号显示常采用检流计、微安表、电位计、数字电压表、记录仪、示波器及数据微处理机等。前三种显示器为指针式显示器,主要用于简易型分光光度计,中、高档分光光度计多采用后四种。

## 4.4 分析方法

紫外-可见吸收光谱最主要的应用是在化合物的定性、定量方面,如化合物的鉴定、结构分析和纯度检验,另外还可用于测定某些化合物的物理化学常数,如配合物的配位比、稳定常数等。

### 4.4.1 定性分析

有机化合物的紫外吸收光谱一般只有少数几个简单的吸收带,它只能反映分子中生色团和助色团及其附近的结构特性,而不能反映整个分子的特性。因此,单靠紫外光谱数据来推断未知化合物的结构是困难的。但是紫外光谱对于判别有机化合物中生色团和助色团的种类、位置及其数目以及区别饱和与不饱和化合物、测定分子中共轭程度进而确定未知物的结构骨架等方面有其独到的优点。此外,紫外-可见分光光度计在有机分析的四大仪器中最价廉因而也是最普及的仪器,进行紫外-可见测定也快速方便,因此如能利用紫外数据解决结构问题时,应尽量利用它。

利用紫外-可见吸收光谱对有机化合物进行定性分析时,通常是根据吸收光谱的形状、吸收峰的数目以及最大吸收波长的位置和相应的摩尔吸光系数进行定性鉴定。

(1)如果该化合物的紫外-可见光谱在 $220\sim800$ nm 范围内没有吸收带,则可以判断该化合物可能是饱和的直链烃、脂环烃或其他饱和的脂肪族化合物或只含一个双键的烯烃等。

(2)若化合物只在 $250\sim350$ nm 有弱的吸收带($\varepsilon=10\sim100$ L·mol$^{-1}$·cm$^{-1}$),则该化合物应含有一个简单的非共轭的并含有未成键的生色团,如羰基、硝基等,此谱带是 $n\rightarrow\pi^*$ 跃迁产生的吸收带。

(3)若化合物在 $210\sim250$ nm 范围有强吸收带($\varepsilon\geqslant10^4$ L·mol$^{-1}$·cm$^{-1}$),这是 K 吸收带的特征,则该化合物可能是含有共轭双键的化合物;如在 $260\sim300$ nm范围内有强吸收带,则表明该化合物有 3 个或 3 个以上共轭双键。如吸收带进入可见光区,则该化合物可能含长共轭生色基团或是稠环化合物。

(4)若化合物在 $250\sim300$ nm 范围内有中等强度吸收带($\varepsilon=10^3\sim10^4$ L·mol$^{-1}$·cm$^{-1}$),这是苯环 B 吸收带的特征,则化合物往往含有苯环。

按上述规律一般可初步确定化合物的归属范围,然后采用对比法才能进一步确定物质可能是何种化合物。

所谓对比法,一般是将未知试样的紫外-可见吸收光谱图同标准试样的光谱图进行比较。当浓度和溶剂相同时,若两者的图谱相同(包括曲线形状、吸收峰数目、$\lambda_{max}$ 及 $\varepsilon_{max}$ 等），说明两者是同一化合物。

如果没有标准物，则可以借助汇编的各种有机化合物的紫外可见标准谱图进行比较。与标准谱图比较时，仪器准确度、精密度要高，操作时测定条件要完全与文献规定的条件相同，否则可靠性差。

### 4.4.2 化合物中杂质的检查

如果某一化合物在紫外-可见区没有明显吸收峰，而它的杂质有较强的吸收峰，则可通过绘制试样的紫外-可见吸收光谱图来确定是否含有杂质。

如某化合物在紫外-可见区有较强吸收，有时还可用摩尔吸光系数来检查其纯度。例如，菲的氯仿溶液在 296 nm 处有强吸收（$\lg\varepsilon=4.10$），用某种方法精制的菲，测得其 $\lg\varepsilon$ 值比标准菲低 10%，这说明精制品的菲含量只有 90%，其余很可能是蒽等杂质。

### 4.4.3 定量分析

紫外-可见分光光度法用于定量分析的依据是朗伯-比尔定律，即物质在一定波长处的吸光度与其浓度成正比。

（1）单组分体系：

1）标准曲线法：先配制一系列已知浓度的标准溶液，在合适波长处测定系列标准溶液的吸光度，然后以吸光度为纵坐标、标准溶液的浓度为横坐标作图，得 $A$-$c$ 的校正曲线，在相同条件下测出未知试样的吸光度，就可以从标准曲线上查出未知试样的浓度。

2）比较法：配制样品溶液和标准溶液，在相同条件下分别测定吸光度 $A_x$ 和 $A$，然后进行比较，利用 $\dfrac{A_x}{A}=\dfrac{c_x}{c}$，求出样品溶液中待测组分的浓度。

使用这种方法的要求：$c_x$ 和 $c$ 应接近，且符合光吸收定律。因此比较法只适用于个别样品的测定。

（2）多组分体系：可依据各组分吸收曲线的情况分别处理：

1）如各种吸光物质的吸收曲线互不重叠，则可在各自的最大吸收波长处分别测定，与单一组分的测定方法相同。

2）如吸收光谱严重重叠（如图 4-3），可根据吸光度具有加合性的原理，即多组分试液在某一测定波长处的总吸光度等于各组分吸光度之和，通过求解联立方程来进行测定。具体方法：在 A 和 B 的最大吸收波长 $\lambda_1$ 和 $\lambda_2$ 处，分别测定混合物的吸光度 $A_{\lambda_1}^{A+B}$ 和 $A_{\lambda_2}^{A+B}$，然后通过解下列二元一次方程组，求得各组分浓度。

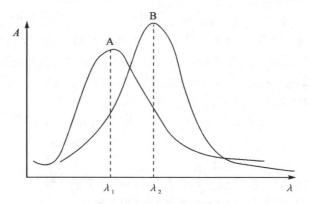

**图 4-3 两组分混合物的测定**

$$A_{\lambda_1}^{A+B} = \varepsilon_{\lambda_1}^A \cdot b \cdot c_A + \varepsilon_{\lambda_1}^B \cdot b \cdot c_B \qquad (4\text{-}1)$$

$$A_{\lambda_2}^{A+B} = \varepsilon_{\lambda_2}^A \cdot b \cdot c_A + \varepsilon_{\lambda_2}^B \cdot b \cdot c_B \qquad (4\text{-}2)$$

式中,$\varepsilon_{\lambda_1}^A$ 为在 $\lambda_1$ 处用纯 A 测得的摩尔吸光系数;$\varepsilon_{\lambda_1}^B$ 为在 $\lambda_1$ 处用纯 B 测得的摩尔吸光系数;同理,$\varepsilon_{\lambda_2}^A$,$\varepsilon_{\lambda_2}^B$ 则表示在波长 $\lambda_2$ 处的摩尔吸光系数;$c_A$ 和 $c_B$ 分别表示待测组分 A,B 的浓度;$b$ 为比色池厚度。解上述方程可求出 A 和 B 的浓度。

同样,当溶液中有 $N$ 个组分同时存在时,可用类似方法处理,但随着组分的增多,实验结果的误差也将增大。

3)双波长分光光度法:利用经典分光光度法对多组分作定量分析时,需要解联立方程,不但手续繁杂而且误差也较大。对于浑浊试样或其他背景吸收较大的试样,一般很难找到合适的参比溶液来抵消这种影响,这时可采用双波长分光光度法。这种方法与通常的单光束或双光束分光光度法不同,不需要用空白溶液作参比,而是把另一波长处的吸光度作为参比。该法可用于测定浑浊溶液,也可用于测定吸收光谱相互重叠的混合物。

利用双波长分光光度法扣除背景吸收的原理:通过调节仪器使 $\lambda_1$ 和 $\lambda_2$ 两束单色光的强度相等,然后使其以一定的时间间隔交替地照射同一吸收池,测量并记录两波长下的吸光度差值 $\Delta A$。根据朗伯-比尔定律,在单色光 $\lambda_1$ 和 $\lambda_2$ 波长下的吸光度分别为

$$A_{\lambda_1} = \varepsilon_{\lambda_1} \cdot b \cdot c + A_s \qquad (4\text{-}3)$$

$$A_{\lambda_2} = \varepsilon_{\lambda_2} \cdot b \cdot c + A_s \qquad (4\text{-}4)$$

其中,$A_s$ 为背景吸收或光散射。将两式相减可得

$$\Delta A = (\varepsilon_{\lambda_2} - \varepsilon_{\lambda_1}) \cdot b \cdot c \qquad (4\text{-}5)$$

由上式可见在 $\lambda_2$ 和 $\lambda_1$ 两波长下的吸光度差值 $\Delta A$ 与待测物质的浓度成正比,与背景吸收无关,这就是双波长分光光度法的定量分析依据。

利用双波长分光光度法测定吸收光谱相互重叠的混合物的原理:以双组分 $x$ 和 $y$ 的测定为例说明。图 4-4 是 $x$ 和 $y$ 两组分的吸收曲线,如果测定 $x$ 组分, $y$ 当做干扰组分。在 $x$ 的最大吸收波长 $\lambda_1$ 处 $y$ 有吸收,这时可选择另一波长 $\lambda_2$ 作为参比波长,使 $y$ 在 $\lambda_1$ 和 $\lambda_2$ 两波长处的吸收相等,即 $A_{\lambda_1}^y = A_{\lambda_2}^y$。通过测量两波长下的吸光度差值 $\Delta A$ 即可扣除 $y$ 的吸收:

$$\Delta A = A_{\lambda_1} - A_{\lambda_2} = (A_{\lambda_1}^x + A_{\lambda_1}^y) - (A_{\lambda_2}^x + A_{\lambda_2}^y) \tag{4-6}$$

$$\Delta A = A_{\lambda_1}^x - A_{\lambda_2}^x = (\varepsilon_{\lambda_1}^x - \varepsilon_{\lambda_2}^x) b c_x \tag{4-7}$$

即 $\Delta A$ 与待测 $x$ 的浓度成正比。

选择 $\lambda_1$ 和 $\lambda_2$ 时应符合以下两个条件:一是在选定两波长处干扰组分的吸收相等;二是在两波长下待测组分的吸光度差值足够大。

同理,把 $x$ 当做干扰组分,选择合适的波长可测定 $y$ 组分。

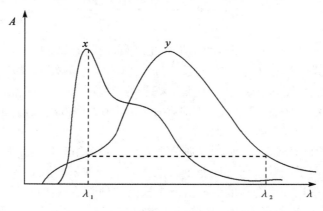

**图 4-4 作图法选择 $\lambda_1$ 和 $\lambda_2$**

## 参考文献

[1] 曾泳淮,林树昌. 仪器分析[M]. 2 版. 北京:高等教育出版社,2004.

[2] 华中师范大学,陕西师范大学,东北师范大学. 分析化学(下册)[M]. 3 版. 北京:高等教育出版社,2001.

[3] 张剑荣,戚苓,方惠群. 仪器分析实验[M]. 北京:科学出版社,1999.

[4] 华中师范大学,东北师范大学,陕西师范大学,北京师范大学. 分析化学实验[M]. 3 版. 北京:高等教育出版社,2001.

编写人:张淑芳　宋春霞

# 第 5 章　荧光光谱法

## 5.1　引言

利用某一波长的光线照射试样,试样的多原子分子吸收辐射后,发射出相同波长或较长波长的荧光,根据发射荧光的波长及强度进行定性和定量分析,这就是分子荧光光谱法。

荧光是分子吸收光成为激发态分子,在返回基态不同振动能级时的发光现象,是光致发光。

荧光分析法的突出优点是灵敏度高,其测定下限比一般分光光度法低二至四个数量级,选择性也比分光光度法好,但其应用不如分光光度法广泛,因为只有有限数量的化合物才能产生荧光。荧光法被广泛用于生物化学、生理医学和临床医学等研究工作中,目前可用荧光法测定的元素已达 60 多种。

## 5.2　方法原理

### 5.2.1　荧光光谱的产生

荧光物质分子吸收了特定频率辐射后,由基态跃迁至第一电子激发态(或更高激发态)的任一振动能级,激发态分子不稳定,当激发态分子通过无辐射跃迁损失部分能量后,回到第一电子激发单重态的最低振动能级。处于该激发态的分子若以辐射形式去活化跃迁到电子基态的任一振动能级,便产生荧光。由于无辐射跃迁的几率大,因此分子荧光波长常常比激发光波长长。激发光源的波长通常是在紫外区,荧光也可能在紫外区,但更多是在可见区。相对于基态和激发态两个最低振动能级之间的跃迁所产生的荧光称为共振荧光,此时吸收光谱与荧光光谱重叠。

产生荧光的第一个必要条件是该物质的分子必须具有能吸收激发光的结构,通常是共轭双键结构;第二个条件是该分子必须具有一定程度的荧光效率,即荧光物质吸光后所发射的荧光量子数与吸收的激发光的量子数的比值。

荧光强度是指在一定条件下仪器所测的荧光物质发射荧光相对强弱的一种量度,所用单位为任意单位。

将荧光样品置于光路中,选择合适的激发光波长(通常选择荧光最大激发波长),扫描荧光物质发出的荧光,以发射荧光波长为横坐标,以荧光强度为纵坐标作图,即为荧光光谱(荧光发射光谱)。荧光光谱中荧光强度最大处所对应的发射波长称为最大发射波长。固定荧光发射波长(通常选择荧光最大发射波长),让不同波长的激发光激发荧光物质使之发生荧光,得到以激发光波长为横坐标,以荧光强度为纵坐标的曲线,即为激发光谱(荧光激发光谱)。

### 5.2.2　荧光强度与溶液浓度的关系

荧光是物质在吸收了激发光部分能量后发射的波长相同或波长较长的光,因此,溶液的荧光强度 $F$ 与该溶液吸光的强度 $I_a$ 以及荧光物质的荧光效率 $\varphi$ 成正比:

$$F = \varphi \cdot I_a \tag{5-1}$$

又根据朗伯-比耳定律:

$$I_a = I_0 - I_t = I_0(1 - 10^{-\varepsilon lc}) \tag{5-2}$$

则

$$F = \varphi \cdot I_0(1 - 10^{-\varepsilon lc}) \tag{5-3}$$

式中,$I_0$ 和 $I_t$ 分别为入射光强度和透过光强度;$\varepsilon$ 是摩尔吸光系数;$l$ 是样品池厚度;$c$ 是样品浓度。

当激发光强度 $I_0$ 一定,且浓度 $c$ 很小时,荧光强度与荧光物质浓度成正比,即

$$F = Kc \tag{5-4}$$

式(5-4)即荧光法定量分析的基本关系式。此关系只限于极稀溶液,对于较浓的溶液,其吸光度超过 0.05 时,荧光物质分子之间以及荧光物质分子同溶剂分子之间的碰撞增加,导致无辐射去活增加而发生自熄灭。

荧光强度与入射光强度及浓度成正比,所以只要光源强度足够高,入射光强度 $I_0$ 足够大,并配备一个高灵敏度的检测放大系统,便可提高荧光分析的灵敏度。

## 5.3　仪器结构

荧光分光光度计由五部分组成:光源、单色器、样品池、检测器和显示装置。荧光分析示意图如图 5-1 所示。

## 5.4　荧光定性、定量分析

荧光定性、定量分析与紫外-可见吸收光谱法相似。定性分析时,将待测样

品的荧光激发光谱和荧光发射光谱与标准荧光光谱图进行比较来鉴定样品成分。定量分析时,一般以激发光谱最大峰值波长为激发光波长,以荧光发射光谱最大峰值波长为发射波长,通过测定样品溶液的荧光强度求得待测物质浓度。

荧光法也可用于混合物的同时测定和配合物组成的研究等。

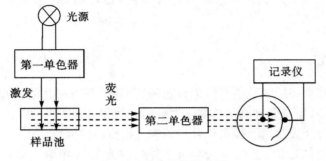

图 5-1　荧光分析示意图

## 参考文献

[1] 方惠群,于俊生,史坚. 仪器分析[M]. 北京:科学出版社,2002.

[2] 华中师范大学,陕西师范大学,东北师范大学. 分析化学(下册)[M]. 北京:高等教育出版社,2001.

[3] 朱明华. 仪器分析[M]. 4 版. 北京:高等教育出版社,2008.

[4] 许金钧,王尊本. 荧光分析法(21 世纪科学版化学专著系列)[M]. 3 版. 北京:科学出版社,2006.

编写人:刘雪静

# 第 6 章   红外光谱法

## 6.1   引　言

　　红外光谱主要用来鉴别有机化合物的官能团,是有机化合物结构分析中的四大谱学之一,是研究有机化合物化学键的振动和转动能级的跃迁,根据不同波数下产生的特征吸收情况提供化合物结构分析所需的信息。

　　红外光谱法定量、定性的依据与紫外吸收光谱法相似。以特征吸收峰所对应的波长或波数、峰数目及峰强度作为定性分析及结构分析的依据;某特征吸收峰是物质浓度的函数,朗伯-比耳定律也是红外吸收光谱法定量分析的依据。

## 6.2   方　法　原　理

### 6.2.1   分子的振动

　　(1)谐振子:对简单的双原子分子的振动可以用谐振子模型来模拟:

$$\nu = \frac{1}{2\pi}\sqrt{\frac{k}{\mu}} \tag{6-1}$$

式中,$k$ 为化学键力常数;$\mu$ 为折合质量。可见分子振动频率与化学键的力常数、原子质量有关。如果用量子力学来处理,求解得到分子的振动能级 $E_V$ 与谐振子振动频率的关系为

$$E_V = (\upsilon \pm \frac{1}{2})h\nu \tag{6-2}$$

式中,$\upsilon$ 可取 $0,1,2,\cdots$ 称为振动量子数。

　　(2)非谐振子:实际上双原子分子不是理想的谐振子,只有当 $\upsilon$ 较小时,真实分子振动情况才与谐振子振动比较近似。

　　(3)分子的振动形式:

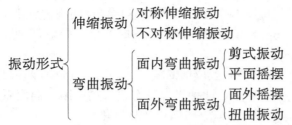

（4）振动自由度：振动自由度即独立振动数，表示多原子分子振动形式的多少。对非线性分子：$3n-6$（$n$ 为原子数），对线性分子：$3n-5$。

### 6.2.2　红外吸收光谱产生的条件和谱带强度

（1）分子吸收红外辐射的条件：分子吸收红外辐射必须同时满足以下两个条件：①辐射应具有刚好满足振动跃迁所需的能量；②只有能使偶极矩发生变化的振动形式才能吸收红外辐射。

（2）吸收谱带的强度：红外吸收谱带的强弱与分子偶极矩变化的大小有关，根据量子理论，红外光谱的强度与分子振动时偶极矩变化的平方成正比。如 C=C 双键和 C=O 双键的振动，由于 C=O 双键振动时，偶极矩变化较 C=C 双键大，此 C=O 键的谱带强度比 C=C 双键大得多。偶极矩的变化与固有偶极矩有关，一般极性比较强的分子或基团吸收强度都比较大。

（3）基团振动与红外光谱区域：红外光谱可分为官能团区和指纹区两大区域：

1）官能团区（$4\ 000 \sim 1\ 350\ \text{cm}^{-1}$）：X—H（X 为 O，N，C 等）单键伸缩振动，以及各种双键、叁键的伸缩振动所产生的吸收区，可作为鉴定基团的依据。该区包括 X—H 伸缩振动区（$4\ 000 \sim 2\ 500\ \text{cm}^{-1}$）；叁键及累积双键（$2\ 500 \sim 1\ 900$ $\text{cm}^{-1}$）；双键伸缩振动区（$1\ 900 \sim 1\ 200\ \text{cm}^{-1}$）；X—H 弯曲振动区（$1\ 650 \sim 1\ 350$ $\text{cm}^{-1}$）。

2）指纹区（$1\ 350 \sim 650\ \text{cm}^{-1}$）：吸收峰是由于 C—C，C—O，C—X 单键的伸缩振动以及分子骨架中多数基团的弯曲振动所引起的。

## 6.3　仪器结构

红外光谱仪与紫外-可见分光光度计的组成基本相同，由光源、样品室、单色器以及检测器等部分组成。两种仪器在各组件的具体材料上有较大差别。色散型红外光谱仪的单色器一般在样品池之后。

### 6.3.1　光源

一般分光光度计中的氘灯、钨灯等光源能量较大，要观察分子的振动能级跃迁,测定红外吸收光谱,需要能量较小的光源。黑体辐射是最接近理想光源的连续辐射。满足此要求的红外光源是稳定的固体在加热时产生的辐射,常见的有如下几种:

(1)能斯特灯:材料是稀土氧化物,做成圆筒状(20 mm×2 mm),两端为铂引线。其工作温度为 1 200～2 200 K。此种光源具有很大的电阻负温度系数,需要预先加热并设计电源电路能控制电流强度,以免灯过热损坏。

(2)碳化硅棒:尺寸为 50 mm×5 mm,工作温度为 1 300～1 500K。与能斯特灯相反,碳化硅棒具有正的电阻温度系数,电触点需水冷以防放电。其辐射能量与能斯特灯接近,但在大于 2 000 cm$^{-1}$ 区域能量输出远大于能斯特灯。

(3)白炽线圈:用镍铬丝螺旋线圈或铑线做成。工作温度约为 1 100 K。其辐射能量略低于前两种,但寿命长。

一般近红外区的光源用钨灯即可,远红外区用水银放电灯作光源。

### 6.3.2 吸收池

因玻璃、石英等材料不能透过红外光,红外吸收池要用可透过红外光的 NaCl,KBr 等材料制成窗片。用 NaCl,KBr 等材料制成的窗片需注意防潮。固体试样常与纯 KBr 混匀压片,然后直接进行测定。

### 6.3.3 单色器

单色器由色散组件、准直镜和狭缝构成。

色散组件常用闪耀光栅。由于闪耀光栅存在次级光谱的干扰,因此需要将光栅和用来分离次级光谱的滤光器或前置棱镜结合起来使用。

### 6.3.4 检测器

红外检测器有热检测器、热电检测器和光电导检测器三种。前两种用于色散型仪器中,后两种在傅立叶变换红外光谱仪中多见。

(1)热检测器:依据的是辐射的热效应。辐射被一小的黑体吸收后,黑体温度升高,测量升高的温度可检测红外吸收。用热检测器检测红外辐射时,最主要的是要防止周围环境的热噪声。一般使用斩光器使光源辐射断续照射样品池。

热检测器最常见的是热电偶。将两片金属铋熔融到另一不同金属如锑的两端,就有了两个连接点。两接触点的电位随温度变化而变化。检测端接点做成黑色置于真空舱内,有一个窗口对红外光透明。参比端接点在同一舱内并不受辐射照射,则两接点间产生温差。热电偶可检测 $10^{-6}$ K 的温度变化。

(2)光电导检测器:采用半导体材料薄膜,如 Hg-Cd-Te 或 PbS 或 InSb,将其置于非导电的玻璃表面密闭于真空舱内,则吸收辐射后非导电性的价电子跃迁至高能量的导电带,从而降低半导体的电阻,产生信号。Hg-Cd-Te 缩写为

MCT,该检测器用于中红外区及远红外区,需冷至液氮温度(77 K)以降低噪声。这种检测器比热电检测器灵敏,在 FT-IR 及 GC/FT-IR 仪器中获得广泛应用。

### 6.3.5　记录系统

由记录仪自动记录图谱。

## 6.4　红外光谱测定中的样品处理技术

### 6.4.1　气体样品

气体样品的测定可使用窗板间隔为 2.5~10 cm 的大容量气体池。抽真空后,向池内导入待测气体。测定气体中的少量组分时使用池中的反射镜,其作用是将光路增加到数十米。气体池还可用于挥发性很强的液体样品的测定。

### 6.4.2　液体样品

(1)液膜法:液体样品常用液膜法。该法适用于不易挥发(沸点高于 80℃)的液体或黏稠溶液。使用两块 KBr 或 NaCl 盐片,将液体滴 1~2 滴到盐片上,用另一块盐片将其夹住,用螺丝固定后放入样品室测量。若测定碳氢类吸收较低的化合物时,可在中间放入夹片(spacer,0.05~0.1 mm 厚),增加膜厚。测定时需注意不要让气泡混入,螺丝不应拧得过紧以免窗板破裂。使用以后要立即拆除,用脱脂棉沾氯仿、丙酮擦净。

(2)溶液法:溶液法适用于挥发性液体样品的测定。使用固定液池,将样品溶于适当溶剂中配成一定浓度的溶液(一般以 10%w/w 左右为宜),用注射器注入液池中进行测定。所用溶剂应易于溶解样品;非极性,不与样品形成氢键;溶剂的吸收不与样品吸收重合。常用溶剂为 $CS_2$,$CCl_4$,$CHCl_3$ 等。

水溶液的简易测定法:由于盐片窗口怕水,因此一般水溶液不能测定红外光谱。利用聚乙烯薄膜是水溶液红外光谱测定的一种简易方法。在金属管上铺一层聚乙烯薄膜,其上压入一橡胶圈。滴下水溶液后,再盖一层聚乙烯薄膜,用另一橡胶圈固定后测定。需注意的是,聚乙烯、水及重水都有红外吸收。

### 6.4.3　固体样品

(1)压片法:固体样品常用压片法,它也是固体样品红外测定的标准方法。将固体样品 0.5~1.0 mg 与 150 mg 左右的 KBr 一起研磨均匀,用压片机压成薄片,薄片应透明均匀。压片模具及压片机因生产厂家不同而异。

(2)调糊法:固体样品还可用调糊法(或重烃油法,Nujol 法)。将固体样品(5~10 mg)放入研钵中充分研细,滴 1~2 滴重烃油调成糊状,涂在盐片上用组合窗板组装后测定。若重烃油的吸收妨碍样品测定,可改用六氯丁二烯。

(3)薄膜法:薄膜法适用于高分子化合物的测定。将样品溶于挥发性溶剂后倒在洁净的玻璃板上,在减压干燥器中使溶剂挥发后形成薄膜,固定后进行测定。

对于一般固体有机化合物试样,可将试样与 KBr 粉末研磨后在压力机中压制成透明的 KBr 压片后测定。对于难以压片的试样,如无机化合物粉末、颜料、染料等,可采用漫反射附件进行测定。对透明度较好的固体薄膜试样,可直接采用透射法进行测定。对于无法粉碎的试样,如固体表面的涂层等,可采用 30°反射附件进行测定。

## 6.5 红外光谱的应用

### 6.5.1 化合物或基团的验证和确认

利用红外光谱对某一化合物或基团进行验证和确认是一种简便、快捷的方法。只要选择合适的制备样品方法,测其红外光谱图,然后与标准物质的红外光谱或红外标准谱图对照,即可以确认或否定。要注意的是,样品及标准物质的物态、结晶态和溶剂的一致性,以及注意到一些其他因素,如有杂峰的出现,应考虑到是否有水分、$CO_2$ 等的影响等。

### 6.5.2 未知化合物结构的测定

用红外光谱法测定化合物的结构一般经历如下几个步骤:

(1)收集、了解样品的有关数据及资料,如对样品的来源、制备过程、外观、纯度、经元素分析后确定的化学式以及诸如熔点、沸点、溶解性等物理性质作较为全面透彻的了解,取得对样品的初步认识或判断。

(2)由化学式计算化合物的不饱和度(或称不饱和单元),化合物不饱和度的计算公式为

$$\Omega = 1 + n_4 + \frac{n_3 - n_1}{2} \qquad (6-3)$$

式中,$n_1$,$n_3$ 和 $n_4$ 分别为分子中一价(通常为氢及卤素)、三价(通常为氮和磷)和四价(碳和硅)元素的原子数目,二价元素(如氧、硫等)的原子数目与不饱和度无关。不饱和度 $\Omega$ 的数值为化合物中双键数与环数之和(三键的 $\Omega$ 为2)。$\Omega = 0$ 时,表明化合物为无环饱和化合物;$\Omega = 1$ 时,表明分子有一个双键或一个饱和环;$\Omega = 2$ 时,表明分子有两个双键或两个饱和环,或一个双键再加上一个饱和环,或一个三键;$\Omega = 4$ 时,可能有一个苯环,依次类推。

(3)谱图的解释:获得红外光谱图以后,即进行谱图的解释。谱图解释并没有一个确定的程序可循,一般要注意如下问题。

1)一般顺序:通常先观察官能团区($4\,000\sim1\,350\ cm^{-1}$)。可借助于手册或书籍中的基团频率表,对照谱图中基团频率区内的主要吸收带,找到各主要吸收带的基团归属,初步判断化合物中可能含有的基团和不可能含有的基团及分子的类型。然后再查看指纹区($1\,350\sim600\ cm^{-1}$),进一步确定基团的存在及其连接情况和基团间的相互作用。

2)要注意红外光谱的三要素:红外光谱的三要素是吸收峰的位置、强度和形状。无疑三要素中位置(即吸收峰的波数)是最为重要的特征,一般以吸收峰的位置判断特征基团,但也需要其他两个要素辅以综合分析,才能得出正确的结论。例如 $C\!\!=\!\!O$ ,其特征是在 $1\,680\sim1\,780\ cm^{-1}$ 范围内有很强的吸收峰,这个位置是最重要的,若有一样品在此位置上有一吸收峰,但吸收强度弱,就不能判定此化合物含有 $C\!\!=\!\!O$ ,而只能说此样品中可能含有少量羰基化合物,它以杂质峰出现,或者可能其他基团的相近吸收峰而非 $C\!\!=\!\!O$ 吸收峰。峰的形状也能帮助基团的确认。如缔合烃基、缔合胺基的吸收位置与游离状态的吸收位置只略有差异,但峰的形状变化很大,游离态的吸收峰较为尖锐,而缔合 O—H 的吸收峰圆滑而钝,缔合胺基会出现分岔,炔的 C—H 吸收峰很尖锐。

3)要注意观察同一基团或一类化合物的相关吸收峰:由于任一基团都存在着伸缩振动和弯曲振动,因此会在不同的光谱区域中显示出几个相关峰,通过观察相关峰,可以更准确地判断基团的存在情况。例如,—CH$_3$ 在约 $2\,960$ 和 $2\,870\ cm^{-1}$ 处有非对称和对称伸缩振动吸收峰,而在约 $1\,450$ 和 $1\,370\ cm^{-1}$ 有弯曲振动吸收峰;$>$CH$_2$ 在约 $2\,920$ 和 $2\,850\ cm^{-1}$ 处有伸缩振动吸收峰,在约 $1\,470\ cm^{-1}$ 有其相关峰;若是长碳链的化合物,在 $720\ cm^{-1}$ 处出现的吸收峰。

一类化合物也会有相关的吸收峰,如 $1\,650\sim1\,750\ cm^{-1}$ 的强吸收带 $C\!\!=\!\!O$ 的特征吸收峰,而各类含 $C\!\!=\!\!O$ 的化合物各有其相关峰。醛于约 $2\,820$ 和 $2\,720\ cm^{-1}$ 有 C—H 吸收峰;酯于约 $1\,200\ cm^{-1}$ 和 $1\,050\ cm^{-1}$ 处有 C—O—C 吸收峰;酸酐由于振动的耦合,呈现 $C\!\!=\!\!O$ 的两个分裂峰;羧酸于 $3\,500\sim3\,600\ cm^{-1}$ 有非缔合的O—H吸收峰或 $3\,200\sim2\,500\ cm^{-1}$ 的宽缔合吸收峰;酮则无更特殊的相关峰,但有 $C\!\!-\!\!\overset{\overset{\textstyle O}{\|}}{C}\!\!-\!\!C$ 的骨架吸收峰,若连接的是烷基则出现在 $1\,325\sim1\,215\ cm^{-1}$ 处,若连接的是芳环,则出现在 $1\,325\sim1\,075\ cm^{-1}$ 处。

(4) 红外标准谱图的应用:可以通过两种方式利用红外标准谱图进行查对:一种是查阅标准谱图的谱带索引,寻找与样品光谱吸收带相同的标准谱图;另一种是先进行光谱解释,判断样品的可能结构,然后再由化合物分类索引查找标准谱图进行对照核实。

红外标准谱图主要有如下几种：

1)萨特勒(Sadtler)标准光谱集：由美国费城 Sadtler 研究所编制,其特点是谱图最丰富,有棱镜和光栅两种谱图。至 1985 年已收集编制了 69 000 张棱镜谱,至 1980 年已收集编制了 59 000 张光栅谱;备有多种索引,有化合物名称、分类、官能团字母、分子式、分子量、波长等索引;同时出版多种光谱图等,除了红外的棱镜、光栅谱集外,还有紫外和核磁共振氢谱、碳谱共五种光谱图集。

2)分子光谱文献'DMS'穿孔卡片：'DMS'为 Documentation of Molecular Spectroscopy 的缩写。由英国和西德联合编制,谱图上列出了化合物名称、分子式、结构式及各种物理常数,不同类化合物用不同颜色表示。

3)API 红外光谱图集：由美国石油研究所(API)44 研究室编制。谱图较为单一,主要是烃类化合物,也收集少量卤代烃、硫杂烷、硫醇及噻吩类化合物的光谱。同时附有专门的索引,便于查找。

4)Sigma Fourier 红外光谱图库：由 Keller R J 编制,Sigma Chemical CO. 于 1986 年出版,已汇集了 10 400 张各类有机化合物的 FTIR 谱图,并附有索引。此外还有 Aldrich 红外光谱图库、Coblentz 学会谱图集等。

### 6.5.3　定量分析

与紫外-可见分光光度法相似,红外光谱法定量分析也是依据光吸收定律(朗伯-比耳定律),即 $A=\varepsilon bc$ 或 $A=abc$。但由于红外光谱法定量分析上有准确度、灵敏度较低的固有缺点,所以在应用意义上不如紫外-可见分光光度法。

## 参考文献

[1] 华中师范大学,等. 分析化学(下册)[M]. 北京:高等教育出版社,2001.

[2] 武汉大学化学系. 仪器分析[M]. 北京:高等教育出版社,2006.

[3] 刘密新,等. 仪器分析[M]. 北京:清华大学出版社,2004.

编写人:季宁宁

# 第7章　电导分析法

## 7.1　引　言

电导分析法是通过测定溶液的电导而求得溶液中电解质浓度的方法。

由于溶液的电导并不是某一个离子的特性，而是存在于溶液中所有离子单独电导的总和，因此电导分析法只能测定离子的总量，而不能鉴别和测定某离子及其含量，其选择性很差。

电导分析法有极高的灵敏度，并且仪器简单、操作简便、信号输送方便，主要应用于水质纯度的鉴定以及生产中间流程的控制、物理化学常数的测定等。

## 7.2　方法原理

水溶液中的离子在电场作用下具有的导电能力称为电导 $G$。

电导是电阻的倒数，因此，当两个电极（通常为铂电极或铂黑电极）插入溶液中，可以测出两电极间的电阻 $R$。根据欧姆定律，温度一定时，电阻与电极的间距 $L(\mathrm{cm})$ 成正比，与电极截面积 $A(\mathrm{cm^2})$ 成反比，即

$$R = \rho \frac{L}{A} \tag{7-1}$$

由于电极面积 $A$ 与间距 $L$ 都是固定不变的，故 $L/A$ 是一个常数，称为电导池常数（以 $\theta$ 表示）。

电阻率 $\rho$ 的倒数 $1/\rho$ 称为电导率，以 $\kappa$ 表示，$\kappa$ 的大小表示溶液导电能力的强弱。

电导 $G$ 与电导率关系可表示为

$$G = \frac{1}{R} = \frac{\kappa}{\theta} \tag{7-2}$$

$$\kappa = G\theta \tag{7-3}$$

一支电极的电导池常数为确定值。当已知电导池常数，并测出电阻后，即可求出电导率。

电导的单位为 S（西门子）。电导率 $\kappa$ 的单位为 $\mathrm{S \cdot m^{-1}}$（西门子·米$^{-1}$），常用单位为 $\mathrm{mS \cdot m^{-1}}$（毫西门子·米$^{-1}$）或 $\mathrm{\mu S \cdot cm^{-1}}$（微西门子·厘米$^{-1}$）。

单位间的互换为 1 mS・m$^{-1}$＝0.01 mS・cm$^{-1}$＝10 μS・cm$^{-1}$。

电解质溶液的 $\kappa$ 可由实验测定。将待测溶液注入电导池中,根据式(7-3),当已知电导池常数,测出电导后,即可求出电导率 $\kappa$。电导池常数 $\theta$ 通过测定已知电导率的标准 KCl 溶液的电导即可求出。

水溶液的电导率取决于带电荷物质的性质和浓度、溶液的温度和黏度等。纯水的电导率很小,当水中含有无机酸、碱、盐或有机带电胶体时,电导率就增加。电导率常用于间接推测水中带电荷物质的总浓度。

纯水的电导率为 0.005 mS・m$^{-1}$,新蒸馏水电导率为 0.05～0.2 mS・m$^{-1}$,存放一段时间后,由于空气中的二氧化碳或氨的溶入,电导率可上升至 0.2～0.4 mS・m$^{-1}$。电导率随温度变化而变化,温度每升高 1℃,电导率增加约 2％,通常规定 25℃ 为测定电导率的标准温度。

# 7.3 仪器结构与原理

电导率的测量实际就是按欧姆定律测定平行电极间溶液部分的电阻。但是,当电流通过电极时,会发生氧化或还原反应,从而改变电极附近溶液的组成,产生“极化”现象,从而引起电导测量的误差。为此,采用高频交流电测定法,可以减轻或消除上述极化现象,因为在电极表面的氧化和还原迅速交替进行,其结果可以认为没有氧化或还原发生。

测量电阻方法是采用惠斯登电桥平衡法(见图7-1):

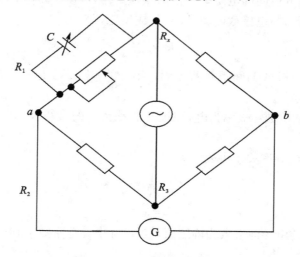

**图 7-1 电解质电导的测定**

$$\frac{R_1}{R_x}=\frac{R_2}{R_3} \tag{7-4}$$

溶液的电导：

$$G_x=\frac{1}{R_x}=\frac{R_2}{R_3}\cdot\frac{1}{R_1} \tag{7-5}$$

应注意：

(1)测量时应以交流电作为电源,不能使用直流电。

(2)桥中零电流指示器不宜采用直流检流计,而改用耳机或示波器。

(3)在相邻的某一臂并联一个可变电容,补偿电导池的电容。

(4)为了降低极化至最小程度,应采用镀铂黑的铂片作为电导电极。

# 7.4　分析方法

## 7.4.1　直接电导法

根据溶液的电导与被测离子浓度的关系来进行分析的方法,叫做直接电导法。直接电导法主要应用于水质纯度的鉴定以及生产中某些中间流程的控制及自动分析。

(1)水质纯度的鉴定:由于纯水中的主要杂质是一些可溶性的无机盐类,它们在水中以离子状态存在,所以通过测定水的电导率,可以鉴定水的纯度,并以电导率作为水质纯度的指标。普通蒸馏水的电导率约为 $2\times10^{-6}$ S·cm$^{-1}$,离子交换水的电导率小于 $5\times10^{-6}$ S·cm$^{-1}$。

值得注意的是,水中的细菌、悬浮杂质和某些有机物等非导电性物质对水质纯度的影响,很难通过直接电导法测定。

(2)合成氨中一氧化碳与二氧化碳的自控监测:在合成氨的生产流程中,必须监控一氧化碳和二氧化碳的含量。因为当其超过一定限度时,便会使催化剂铁中毒而影响生产的进行。在实际生产过程中,可采用电导法进行监测。

(3)钢铁中碳和硫的快速测定。

(4)大气中一些气体污染物的监测。

(5)有关物理化学常数的测定:弱电解质电离度和离解常数的测定、溶度积的测定。

## 7.4.2　电导滴定法

电导滴定法是根据滴定过程中溶液电导的变化来确定滴定终点。在滴定过程中,滴定剂与溶液中被测离子生成水、沉淀或难离解的化合物,使溶液的电导发生变化,而在计量点时滴定曲线上出现转折点,指示滴定终点。

　　电导滴定法一般用于酸碱滴定和沉淀滴定，但不适用于氧化还原滴定和配合滴定，因为在氧化还原或配合滴定中，往往需要加入大量其他试剂以维持和控制酸度，所以在滴定过程中溶液电导的变化就不太显著，不易确定滴定终点。酸碱电导滴定曲线见图 7-2 和图 7-3。

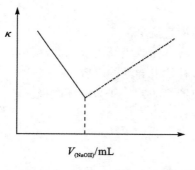

　图 7-2　NaOH 标准溶液滴定 HCl　　　　图 7-3　NaOH 标准溶液滴定 HAC

注意问题：

　　(1)电导滴定过程中，由于滴定剂的加入而使溶液不断稀释，为了减小稀释效应的影响和提高方法的准确度，应使用浓度较大的滴定剂，一般是十倍于被滴液的浓度。

　　(2)电导滴定过程中，被测溶液的温度要保持恒定。

## 参考文献

[1] 方惠群,于俊生,史坚. 仪器分析[M]. 北京:科学出版社,2002.

[2] 华中师范大学,陕西师范大学,东北师范大学. 分析化学(下册)[M]. 北京:高等教育出版社,2001.

[3] 朱明华. 仪器分析[M]. 4 版. 北京:高等教育出版社,2008.

编写人:刘雪静

# 第8章 电位分析法

## 8.1 引言

电位分析法(potentiometric analysis)是指利用电极电位与活(浓)度的关系(能斯特方程式)来测定物质活(浓)度的电化学分析方法。

电位分析法又分为两种,即直接电位法(direct potentiometry)和电位滴定法(potentiometric titration)。直接电位法或称离子选择性电极法,是通过测量电池电动势来确定待测离子活(浓)度的方法,如用玻璃电极测定溶液中 $H^+$ 离子活度、用离子选择性电极测定各种阴离子或阳离子的活度等。电位滴定法相似于化学滴定分析法,仅是利用电极电位在化学计量点附近的突变来代替指示剂的颜色变化确定滴定终点。被测物质含量的求得方法与化学滴定法完全相同。该法可用于酸碱、氧化还原等各类滴定反应终点的确定。

## 8.2 方法原理

电极电位与溶液中相应离子活度之间的关系,可用 Nernst 方程式表示:

$$\varphi = \varphi^{\ominus} + \frac{RT}{nF} \ln \frac{a_{Ox}}{a_{Red}} \tag{8-1}$$

在一定条件下,稀溶液的活度可近似地用浓度代替,则 25℃时,上式可写为

$$\varphi = \varphi^{\ominus} + \frac{0.059\,2}{n} \lg \frac{[Ox]}{[Red]} \tag{8-2}$$

由此可见,通过测量电极电位,可确定离子的活(浓)度。

### 8.2.1 pH 值测定原理

在测量 pH 值时,将 pH 玻璃电极与饱和甘汞电极组成电池:

$$Ag|AgCl|0.1\,mol \cdot L^{-1}HCl|玻璃膜|试液||饱和KCl|Hg_2Cl_2|Hg$$

$$\underbrace{\qquad\qquad\qquad\qquad}_{\varphi_{玻}} \qquad \underbrace{\quad}_{\varphi_L} \quad \underbrace{\qquad}_{\varphi_{SCE}}$$

其电池电动势:

$$E = \varphi_{SCE} + \varphi_L - \varphi_{玻} = \varphi_{SCE} + \varphi_2 - \left(K_{玻} - \frac{2.303RT}{F}pH\right)$$

$$= K + \frac{2.303RT}{F} \text{pH} \qquad (8-3)$$

式中，$\varphi_L$ 为液体接界电位；$\varphi_{玻}$ 为玻璃电极的电位；$\varphi_{SCE}$ 为饱和甘汞参比电极电位。$E = \varphi_{SCE} + \varphi_L - K_{玻}$，在一定条件下 $K$ 是个常数。可见，电池电动势 $E$ 与 pH 成直线关系，其斜率为 $\frac{2.303RT}{F}$，在 25℃时，斜率等于 0.059 2，表明溶液的 pH 值变化一个单位时电池电动势改变 59.2 mv。

上式中 $K$ 包含不对称电位和液体接界电位两个未知量，所以 $K$ 也是个未知量。在使用 pH 玻璃电极测定某一体系的 pH 值时，必须采用相对比较法。先测定由已知 pH 值标准缓冲液组成的电动势 $E_s$，则有

$$E_s = K + \frac{2.303RT}{F} \text{pH}_s \qquad (8-4)$$

式中，$\text{pH}_s$ 为标准缓冲液的 pH 值。然后测定待测溶液组成的电池的电动势 $E_x$，此时有

$$E_x = K + \frac{2.303RT}{F} \text{pH}_x \qquad (8-5)$$

式中，$\text{pH}_x$ 为待测液的 pH 值。以上 (8-5)－(8-4) 式消去 $K$ 得

$$\text{pH}_x = \frac{F}{2.303RT}(E_x - E_s) + \text{pH}_s \qquad (8-6)$$

由于温度影响 $\frac{2.303RT}{F}$ 的数值，同时也影响参比电极电位、液接电位等，因此测定时一定要保持温度恒定。在仪器设计中，酸度计上设有温度补偿装置，以抵消温度变化的影响。

在实际测定中，应先采用与待测溶液 pH 值相近的标准缓冲溶液进行校正定位，然后再测量试液的 pH 值。酸度计测得的电动势直接用 pH 值表示出来，不需要再进行换算。

### 8.2.2 F⁻测定原理

测定溶液中 F⁻ 的活度时，以 F⁻ 电极为指示电极，饱和甘汞电极为参比电极，插入待测液中组成如下电池：

$$\underbrace{\text{Hg}|\text{Hg}_2\text{Cl}_2|\text{KCl(饱和)}}_{\varphi_{SCE}} \underbrace{||\text{试液}}_{\varphi_L} \underbrace{|\text{LaF}_3|\text{NaF}\cdot\text{NaCl}|\text{AgCl}|\text{Ag}}_{\varphi_{F^-}}$$

电池的电动势为

$$E = \varphi_{F^-} - \varphi_{SCE} - \varphi_L \qquad (8-7)$$

将 $\varphi_{F^-} = K_{F^-} - \frac{2.303RT}{F}\lg a_{F^-}$ 代入 (8-7) 式得

$$E=K-\frac{2.303RT}{F}\lg a_{F^-} \tag{8-8}$$

式中，$K=K_{F^-}-\varphi_{SCE}-\varphi_L$，在一定条件下为常数。

同理，对于各种离子选择性电极，可得如下一般公式：

$$E=K\pm\frac{2.303RT}{Z_iF}\lg a_i \tag{8-9}$$

式中，"$+$"对应于阳离子，"$-$"对应于阴离子。(8-9)式表明，在一定条件下，测得的电动势与待测离子的活度呈直线关系。但在实际工作中，通常需要测定的是离子浓度而不是活度，这就要求在测定过程中保持溶液中离子的活度系数固定不变。当离子的活度系数为定值时，式(8-9)也可以写为

$$E=K\pm\frac{2.303RT}{Z_iF}\lg\gamma_i c_i=K'\pm\frac{2.303RT}{Z_iF}\lg c_i \tag{8-10}$$

式中，$c_i$ 为待测离子的浓度；$\gamma_i$ 为活度系数。在 $\gamma_i$ 固定不变的条件下，$K'$ 为常数，此时 $E$ 与 $\lg c_i$ 有线性关系。

$\gamma_i$ 是由溶液中的离子强度决定的，当溶液中离子强度和温度一定时，$\gamma_i$ 也是常数。为了保持标准溶液和试液的离子强度相同，采用加入大量的对测定离子无干扰的惰性电解质的方法，此种高浓度的电解质使溶液的离子强度保持基本恒定，即使待测离子的浓度有所改变，离子强度仍可看作是常数，因此 $\gamma_i$ 也是常数。在实际分析时，除了在测定溶液中加入高浓度的惰性电解质外，有时还需要适当的 pH 缓冲剂和消除干扰的掩蔽剂，将这种混合溶液称为"总离子强度调节缓冲剂"(total ionic strength adjustment buffer, TISAB)。例如测定 $F^-$ 时，常用的总离子强度调节缓冲剂的组成为 $NaCl(1\ mol\cdot L^{-1})$，$HAc(0.25\ mol\cdot L^{-1})$，$NaAc(0.75\ mol\cdot L^{-1})$ 及柠檬酸钠($0.001\ mol\cdot L^{-1}$)，它可以维持溶液有较大而稳定的离子强度和适宜的 pH(约 5.0)，其中的柠檬酸钠用以掩蔽 $Fe^{3+}$ 和 $Al^{3+}$，以消除干扰。

# 8.3 分析方法

## 8.3.1 直接电位法

直接电位法测量装置如图 8-1 所示。其中一支电极称为指示电极，响应被测物质活度，其结果能在毫伏电位计上读得。另一支电极称为参比电极，其电极电位值恒定，不随被测溶液中物质活度变化而变化。

直接电位法的分析方法包括直接比较法、校准曲线法、标准加入法等。

(1)直接比较法：直接比较法主要用于以活度的负对数 pA 来表示结果的测定，如 pH 的测定。对试液组分稳定、不复杂的试样，使用此法比较适合。再如

电厂水汽中钠离子浓度的检测。测量仪器通常以 pA 作为标度而直接读出。测量时先用一两个标准溶液校正仪器,然后测量试液,即可直接读取试液的 pA。

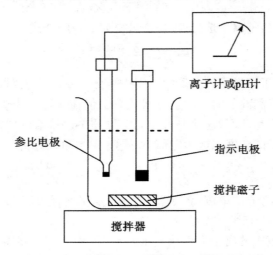

**图 8-1　直接电位法测量装置示意图**

(2)校准曲线法:校准曲线法适用于成批量试样的分析,测量时需要在标准系列溶液和试液中加入总离子强度调节缓冲液(TISAB)。它们有三个方面的作用:首先,保持试液与标准溶液有相同的总离子强度及活度系数;其次,缓冲剂可以控制溶液 pH;其三,含有配合剂,可以掩蔽干扰离子。测量时,先配制一系列含被测组分的标准溶液,分别测出电位值,绘制出与被测组分对数浓度的关系曲线。再测出未知试样的电位值,从曲线上查出对数浓度,算得浓度。

(3)标准加入法:标准加入法中加入前后试液的性质(组成、活度系数、pH、干扰离子、温度……)基本不变,所以准确度较高。标准加入法比较适合用于测定组成较复杂以及成批试样的分析。标准加入法分为一次标准加入法和连续标准加入法。

1) 一次标准加入法:向被测溶液中只加一次标准溶液。采用此法时,先测定体积为 $V_x$、浓度为 $c_x$ 的试样溶液的电位值 $E_x$;然后再向此已测过的试样溶液中加入体积为 $V_s$、浓度为 $c_s$ 的被测离子的标准溶液($c_s \geqslant 100c_x$;$V_s \leqslant 1\%V_x$),测得电位值 $E_1$,则有

$$c_x = \frac{c_s V_s}{(V_x + V_s)10^{\Delta E/S} - V_x} \tag{8-11}$$

若 $V_x \gg V_s$:

$$c_x = \frac{c_s V_s}{V_x(10^{\Delta E/S} - 1)} = \Delta c (10^{\Delta E/S} - 1)^{-1} \tag{8-12}$$

此为一次加入标准法公式。式中 $\Delta c = \dfrac{c_s V_s}{V_x}$，$\Delta E = E_1 - E_x$，$S$ 为电极的实际响应斜率，可从标准曲线的斜率求出；也可使用最小二乘法算出$\left(\dfrac{2.303RT}{ZF}\right)$；亦可实验测得，即用空白溶液稀释已测得 $E_X$ 的试样溶液恰好一倍，然后测得 $E_稀$，按 Nernst 方程可算得：$S = \dfrac{|E_稀 - E_x|}{\lg 2} = \dfrac{|\Delta E|}{0.30}$，如果 $S$ 在 $55 \sim 60$ 之间，$\Delta E$ 应为 16.5 到 18。

2）连续标准加入法：在测量过程中连续多次向一杯测量溶液中加入标准溶液，根据一系列的 $E$ 值对相应的 $V_s$ 值作图来求得结果的方法。该法的准确度较一次标准加入法高。

$$(V_x + V_s)10^{E/S} = (c_s V_s + c_x V_x)10^{E/S} \tag{8-13}$$

以 $(V_x + V_s)10^{E/S}$ 对 $V_s$ 作图得一直线，如图 8-2 所示，直线与横坐标相交时，即有 $(V_x + V_s)10^{E/S} = 0$，方程的另一边是 $c_s V_s' + c_x V_x = 0$。由此式可得试样中被测物含量为

$$c_x = -\frac{c_s V_s'}{V_x} \tag{8-14}$$

式中，$V_s'$ 可从图中直线与横坐标交点处得到是一个负值。依据这一原理在计算机上用 Excel 等工具软件可方便制图和计算。

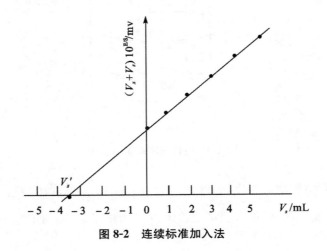

图 8-2 连续标准加入法

### 8.3.2 电位滴定法

电位滴定是根据滴定过程中电位的突跃来确定滴定终点，电位滴定装置如图 8-3 所示。

在电磁搅拌器的搅拌下，由滴定管分次加入滴定剂，每加入一定体积的滴定剂，测一次电池电动势，记录整个滴定过程中的电动势 $E$ 值。由于滴定剂与待测组分发生化学反应，随着滴定剂的加入，指示电极的电位也不断变化，因此通过测量滴定过程中的电池电动势，找出电动势发生突变的位置，即为滴定终点。根据终点时消耗滴定剂的浓度和体积，计算待测组分含量。

除了上述电位滴定的基本仪器装置外，还有专门的自动电位滴定仪。自动电位滴定仪有两种类型：一种是自动控制滴定终点，当达到终点电位时，自动关闭滴定装置，并显示滴定剂用量；另一类型是自动记录滴定曲线，经自动运算并显示终点时滴定的体积。

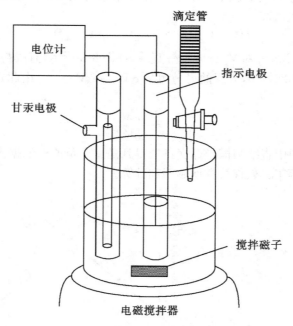

图 8-3　电位滴定装置示意图

常用确定电位滴定终点的方法有 $E$-$V$ 曲线法、$\dfrac{\Delta E}{\Delta V}$ 曲线法和 $\dfrac{\Delta^2 E}{\Delta V^2}$ 曲线法。

（1）$E$-$V$ 曲线法：以加入滴定剂的体积 $V$ 为横坐标，测得的电池电动势为纵坐标作图，如图 8-4(a)所示。

在阶梯形的滴定曲线上，具有最大斜率的转折点即为滴定反应的化学计量点。这时可用滴定曲线陡峭上升部分的中点为滴定终点，所对应的体积为终点体积 $V_{\mathrm{ep}}$。

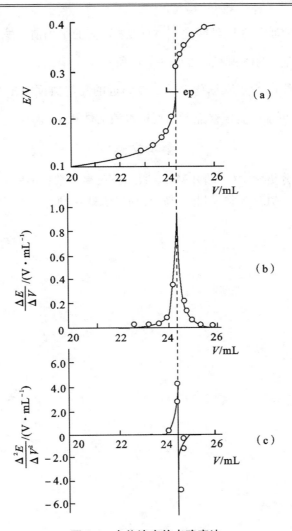

图 8-4 电位滴定终点确定法

（2）$\dfrac{\Delta E}{\Delta V}$曲线法：如果 $E\text{-}V$ 滴定曲线突跃不明显，可以绘制$\dfrac{\Delta E}{\Delta V}$对 $V$ 的一阶导数曲线，得一峰形曲线，如图 8-4（b）所示。峰尖所对应的体积 $V$ 即为滴定终点的体积 $V_{ep}$。应该注意，图中的$\dfrac{\Delta E}{\Delta V}$是相邻两次测得电动势之差 $\Delta E$ 与相应的两次滴定剂体积差的比值；$V$ 是相邻两次滴定剂体积的平均值。

（3）$\dfrac{\Delta^2 E}{\Delta V^2}$曲线法：该方法又称二阶导数法，以$\dfrac{\Delta^2 E}{\Delta V^2}$对 $V$ 作图。$\dfrac{\Delta^2 E}{\Delta V^2}$ 由相邻的

两次 $\dfrac{\Delta E}{\Delta V}$ 求出,其对应的 $V$ 是两次 $\dfrac{\Delta E}{\Delta V}$ 对应的 $V$ 值的平均值。$\dfrac{\Delta^2 E}{\Delta V^2}=0$ 处所对应的体积为滴定终点的体积 $V_{ep}$,如图 8-4(c)所示。

在实际工作中,只需根据化学计量点附近的几组数据求出 $\dfrac{\Delta^2 E}{\Delta V^2}$ 改变正负号前后的数值,即可求得滴定终点所消耗标准液的体积 $V_{ep}$。

## 参考文献

［1］武汉大学. 分析化学(下册)［M］. 5 版. 北京:高等教育出版社,2007.
［2］王彤. 仪器分析及实验［M］. 青岛:青岛出版社,2000.

编写人:张修景

# 第 9 章　电解与库仑法

## 9.1　引言

电解分析是以称量沉积于电极表面的沉积物的质量为基础的一种电分析方法，又称电重量法。它有时也作为一种分离的手段，方便地除去某些杂质。

库仑分析是以测量电解过程中被测物质在电极上发生电化学反应所消耗的电量为基础的分析方法。它和电解分析不同，被测物不一定在电极上沉积，但一般要求电流效率为 100％。

各种离子具有不同的还原电位，据此可计算出分解电压。实际分解电压通常比理论计算的分解电压大，这一方面是因为电解质溶液有一定的电阻，电流通过时一部分电压要用于克服整个电路中的电压降；另一方面，还有一部分电压用于克服极化现象产生的阳极反应和阴极反应的过电位。因此电解时，为使反应能顺利进行，对阴极反应而言，必须使阴极电位比其平衡电位更负；对阳极反应而言，必须使阳极电位比其平衡电位更正。

## 9.2　方法原理

电解过程中，在电极上析出物质的量与通过电解池的电量之间的关系遵从 Faraday 定律：

$$m = \frac{MQ}{nF} \qquad\qquad (9-1)$$

式中，$m$ 为电极上析出的物质的质量，单位为 g；$M$ 为分子的摩尔质量；$n$ 为电子转移数；$F$ 为法拉第常数，$F = 96\ 487$；$Q$ 为电量，单位为 C。如果通过电解池的电流是恒定的，则

$$Q = It \qquad\qquad (9-2)$$

因此有

$$m = \frac{MQ}{nF} = \frac{MIt}{nF} \qquad\qquad (9-3)$$

如果电流不恒定，而随时间不断变化，则

$$Q = \int_0^t I dt \qquad (9\text{-}4)$$

根据 Faraday 定律，可用重量法、气体体积法或其他方法测得电极上析出的物质的量，再求出通过电解池的电量；相反，测量通过电解池的电量，则可求出析出物质的量。

### 9.2.1 控制电位电解法

当试液中只有一种金属离子时，测定时将试液置于电解池中，施加恒定的电压于电解池的两个电极上，于是在阳极和阴极上分别发生氧化和还原反应，使被测离子以金属状态或以金属氧化物的形式致密而坚实地沉积在阴极上。在电解前后分别称取电极的质量，由两次质量之差即可求得被测金属离子的含量，这种电解分析方法就像以电子作为沉淀剂的重量分析法，因此又称为电重量法。电重量分析法不要求电流效率为 100%，但要求副产物不沉积在电极上。不过，这种方法比较费时。

当试液中含有多种金属离子时，由于各种金属离子具有不同的分解电压，在电解分析中，金属离子大部分在阴极上析出，因此可以通过控制阴极电位达到分离的目的，这种方法称为控制电位电解法，装置如图 9-1 所示。

### 9.2.2 控制电流电解法

控制电流电解法也称恒电流电解法，装置如图 9-2 所示。通过调节外加电压，使电解电流维持不变，通常加在电解池两极的初始电压较高，使电解池中产生一个较大电流。在电解过程中，被控制的对象是电流，而电极电位是不断变化的，工作电极的电位取决于在电极上反应的体系以及它们的浓度。

### 9.2.3 库仑分析法

如果用对电量的精确测量来代替对反应产物质量的称量，由电解过程中流过电解池的电量来确定被测物质的含量即为库仑分析法。可见库仑分析就是一种电解分析法，但它与电重量法不同，分析结果是通过测量电解反应所消耗的电量来求得的，因而省却了费时的洗涤、干燥、称量等步骤。另一方面，由于可以精确地测量电解所消耗的电量，故可以得到准确度很高的结果，并可用于微量成分的测定。当然，运用此方法时，要求工作电极上发生单纯的电极反应，电解的电流效率应维持 100%，没有其他副反应或电极反应存在。根据电解方式不同，库仑分析法又分为控制电位库仑分析和恒电流库仑分析。

（1）控制电位库仑分析：与上述控制电位电解分析法类似，控制电位库仑分析是使工作电极的电位保持恒定，使待测组分在该电极上发生定量的电解反应，直到电流接近于零、反应完全为止，并用库仑计或电流积分库仑计（电子式库仑计)记录电解过程所通过的电量,进而求得被测组分的含量。

(2)恒电流库仑分析:恒电流库仑分析又称库仑滴定,是在试液中加入大量辅助电解质,然后控制恒定的电流进行电解,该辅助电解质由于电极反应而产生一种能与待测组分进行定量反应的物质(滴定剂),选择适当的确定滴定终点的方法(如指示剂法、电位法、电流法等),记录从电解开始到终点所消耗的电量即可求得被测组分的含量。这种滴定方法所需的滴定剂不是由滴定管加入的,而是通过电解产生的,滴定剂的量与电解所消耗的电量(单位为库仑)成正比,所以称为库仑滴定。因而库仑滴定是一种不需要标准物质的、以电子作滴定剂的容量分析,可用于各种类型的滴定分析。

## 9.3 仪器结构与原理

自动控制电位电解装置由恒电位电解装置、库仑测定仪和电解池三部分组成。

恒电位电解装置的功能是在电解过程中自动调节工作电极与对电极之间的电解电压而保持工作电极与对电极之间的电位差为常数,并可在一定范围内设定。恒电位电解装置的结构原理如图 9-1 所示。

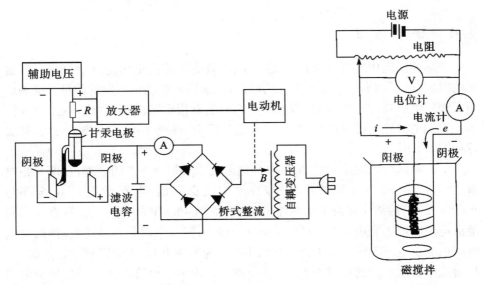

图 9-1 恒电位电解装置的结构图      图 9-2 控制电流电解装置

库仑测定仪是在电解时测定电量的仪器。

库仑滴定的装置如图 9-3 所示。实验电路分为两部分,即电解电路和指示电路。电解电路中的阳极为大面积的双铂片电极,阴极为铂丝电极(隔离室内充电解液)。指示电路中的电极为两个铂片电极。

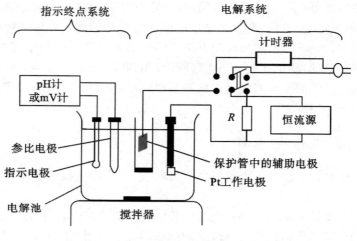

**图 9-3 库仑滴定装置图**

# 9.4 分析方法

在库仑滴定中电解电流是恒定的,因此只要准确测定滴定开始至终点所需要的时间,就可以准确测定所消耗的电量,从而确定被滴定物质的质量。准确地指示滴定终点是非常重要的,指示终点的方法有指示剂法、电位法、双铂电极法等。双铂电极法又称永停法,是库仑滴定分析中一种常用的终点指示方法,其装置如图 9-4 所示。

下面以库仑滴定法测定 $AsO_3^{3-}$ 为例来说明其指示终点的原理:在两片铂电极之间加 $10 \sim 200$ mV 的小电压,在滴定终点之前,电解产生的 $I_2$ 全部与 $AsO_3^{3-}$ 反应,溶液中仅有极少量的 $I_2$ 存在,而 $AsO_3^{3-}$ 和 $AsO_4^{3-}$ 大量存在。因而溶液电极电位主要由电对 $AsO_3^{3-}/AsO_4^{3-}$ 确定,但该电对是不可逆电对,两个电极间加的小电压不能产生电流。相反 $I_2/I^-$ 为可逆电对,当滴定到达终点时,一旦溶液中有微过量的 $I_2$ 出现,立即在电路中产生电解电流。因此一旦指示电路中出现电流,表明终点到达。

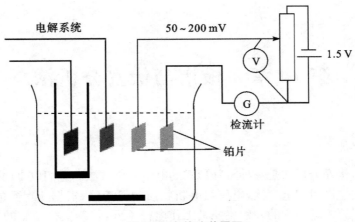

图 9-4 永停法装置图

## 参考文献

[1] 武汉大学. 分析化学(下册)[M]. 5 版. 北京:高等教育出版社,2007.

[2] 曾泳淮,林树昌. 分析化学(仪器分析部分)[M]. 北京:高等教育出版社,2004.

编写人:李爱峰

# 第10章　极谱与伏安分析法

## 10.1　引言

极谱与伏安分析法是一种特殊形式的电解分析方法。它们以小面积的工作电极与参比电极组成电解池,电解被分析物质的稀溶液,根据所得到的电流-电位曲线进行分析。两者的差别主要是工作电极不同,传统上极谱法的工作电极为滴汞电极,而伏安法使用固态或表面静止的电极作为工作电极,如玻碳电极、金属电极、静汞电极等。伏安法的发展与经典极谱法的基本理论密切相关。

## 10.2　方法原理

极谱法和伏安法包括直流极谱法、单扫描极谱法、循环伏安法、脉冲极谱法和溶出伏安法等。

### 10.2.1　直流极谱法

直流极谱法又称为经典极谱法。它是以滴汞电极为极化电极、饱和甘汞电极为去极化电极所进行的特殊电解分析。根据电解得到的电流-电位(电压)曲线,对被测物质进行定量分析。极谱分析实验装置如图10-1所示。它分为电压装置、电流装置以及电解池三个部分。电压装置提供可变的直流电压。电流装置测定电解电流,一般为 $\mu A$ 数量级。电解池中放入支持电解质、极大抑制剂、被测物质、除氧剂以及插入面积较小的滴汞电极和面积较大

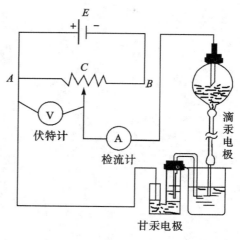

**图 10-1　极谱分析装置**

的饱和甘汞电极(指两电极系统,也可为三电极系统)。极谱波为台阶形的锯齿波,如图10-2所示,分为三部分:残余电流部分($AB$ 段)、电流上升部分($BD$ 段)以及极限扩散电流部分($DE$ 段)。其中极限扩散电流正比于溶液中的待测物质

的浓度。

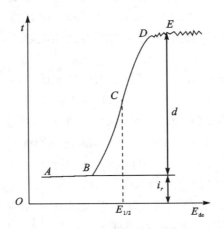

图 10-2　直流极谱波

(1)Ilkovic 方程式:滴汞电极上受扩散控制的扩散电流(极限电流减去残余电流)用 Ilkovic 方程式表示:

$$i_t = 708nD^{1/2}q_m^{2/3}t^{1/6}c \tag{10-1}$$

式中,$n$ 为电极反应中的电子转移数;$D$ 为被测组分的扩散系数($cm^2 \cdot s^{-1}$);$q_m$ 为汞流速($mg \cdot s^{-1}$);$t$ 为滴下时间($s$);$c$ 为待测物质浓度($mmol \cdot L^{-1}$);$i_t$ 为任一瞬间的扩散电流($\mu A$)。

当 $t=0$ 时,$i_t=0$;当 $t=\tau$ 时($\tau$ 为汞滴从开始生成到滴下所需要的时间),$i_t$ 达到最大值,用 $i_{d(\max)}$ 表示:

$$i_{d(\max)} = 708nD^{1/2}q_m^{2/3}\tau^{1/6}c \tag{10-2}$$

极谱仪记录的是整个汞滴生命期间的平均电流值 $\overline{i_d}$,则

$$\overline{i_d} = \frac{1}{\tau}\int_0^\tau i_t\mathrm{d}t = 607nD^{1/2}q_m^{2/3}\tau^{1/6}c \tag{10-3}$$

当实验条件一定时 $i_d = Kc$,这是定量分析的基础。

(2)极谱干扰电流:在极谱分析中,除了扩散电流以外,还有其他因素引起的非扩散电流。这些电流与被测离子的浓度无关或不成比例,它们的存在干扰测定,实验时必须选择适当的方法消除这些干扰。

1)残余电流:在电解过程中,外加电压虽未达到被测物质的分解电压,但仍有微小的电流通过电解池,这种电流称为残余电流。残余电流由两部分组成:电解电流和充电电流。其中充电电流是残余电流的主要部分。在极谱分析法中,对残余电流一般采用作图法加以扣除。

2)迁移电流:由于离子受静电引力作用,使更多的离子趋向电极表面,并在

电极上还原所产生的电流称为迁移电流。消除迁移电流的方法是在溶液中加入大量支持电解质(如 $KCl$,$NH_4Cl$ 和 $KNO_3$ 等)。但必须注意的是,加入的支持电解质是在测定条件下不起电极反应的所谓惰性电解质,一般支持电解质的浓度要比被测物质浓度大 $50\sim100$ 倍。

3)氧波:试液中溶解的 $O_2$ 也能在滴汞电极上还原,产生两个极谱波:

第一个波:$O_2+2H^++2e^-\rightleftharpoons H_2O_2$(酸性溶液)

$\qquad O_2+2H_2O+2e^-\rightleftharpoons H_2O_2+2OH^-$(中性或碱性溶液)

第二个波:$H_2O_2+2H^++2e^-\rightleftharpoons 2H_2O$(酸性溶液)

$\qquad H_2O_2+2e^-\rightleftharpoons 2OH^-$(中性或碱性溶液)

第一个波的半波电位 $E_{1/2}$ 约为 $-0.2$ V(vs. SCE),第二个波的半波电位 $E_{1/2}$ 约为 $-0.9$ V(vs. SCE)。氧波在相当大的范围内,与待测物质的极谱波叠加,影响扩散电流的测定,应除去。通常在试液中通入惰性气体如 $N_2$,或在碱性溶液中加入 $Na_2SO_3$ 或 Fe 粉,消除氧的电流干扰。

4)极谱极大:在极谱分析中,常有一种特殊的现象发生,在电解开始后,半波电位前,电流随电位的增加迅速增大到一个极大值,然后下降到扩散电流区域,电流恢复正常。由于极大现象的发生,将影响半波电位和扩散电流的正确测定,在溶液中加入极大抑制剂可消除极谱极大,常用的极大抑制剂有明胶、聚乙烯醇、曲通-100 等。

(3)极谱波方程式:若金属离子在滴汞电极上还原反应是可逆反应:

$$M^{n+}+ne^-+Hg\rightleftharpoons M(Hg)$$

滴汞电极的电极电位:

$$E_{de}=E_{1/2}+\frac{RT}{nF}\ln\frac{i_d-i}{i} \tag{10-4}$$

其中,

$$E_{1/2}=E^\ominus+\frac{RT}{nF}\ln\frac{D_a^{1/2}}{D_s^{1/2}} \tag{10-5}$$

式中 $D_s$ 为 $M^{n+}$ 在溶液中的扩散系数;$D_a$ 为 M 在汞齐中的扩散系数。式 10-4 称为极谱波方程式,它是极谱定性分析的依据。

在实际工作中,由于使用含有配合物的支持电解质,通常金属离子在溶液中以配合离子的形式存在:$M^{n+}+xL^{b-}\rightleftharpoons ML_x^{(n-xb)+}$

滴汞电极上电极反应:$ML_x^{(n-xb)+}+ne^-+Hg\rightleftharpoons M(Hg)+xL^{b-}$

配合物的极谱波方程式:

$$E_{de}=(E_{1/2})_c+\frac{RT}{nF}\ln\frac{i_d-i}{i} \tag{10-6}$$

其中,

$$(E_{1/2})_c = E^{\ominus} + \frac{RT}{nF}\ln K_c - \frac{RT}{nF}\ln \frac{D_{ML_x}^{\frac{1}{2}}}{D_a^{\frac{1}{2}}} - x\frac{RT}{nF}\ln[L] \tag{10-7}$$

上式可简化为

$$(E_{1/2})_c = K - x\frac{RT}{nF}\ln[L] \tag{10-8}$$

式中,$E^{\ominus}$ 为标准电极电位;$K_c$ 为配合物的不稳定常数;$D_{ML_x}$ 为配合物在溶液中的扩散系数;$[L]$ 为配位剂的浓度;$x$ 为配位数。

若 $n$ 已知,由式(10-8)从实验结果求出 $x$,从而确定配合物的组成。

$n$ 可用对数作图法求得。以 $\ln\dfrac{i_d - i}{i}$ 为横坐标、$E$ 为纵坐标作图,对于可逆电极反应得一条直线,斜率为 $\dfrac{RT}{nF}$。

## 10.2.2 单扫描极谱法

在一个汞滴生成的最后时刻,汞滴的面积基本上保持不变,若将滴汞电极的电位随扫描速率线性增加,并用示波器观察电流随电位的变化,这种方法称为线性变位示波极谱法或单扫描极谱法。单扫描极谱法的装置如图 10-3 所示。

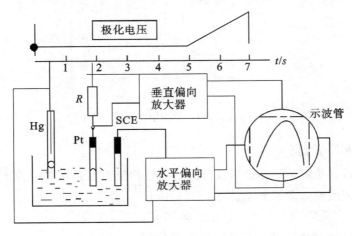

**图 10-3 单扫描极谱仪器装置示意图**

单扫描极谱法与经典极谱法的主要不同之处是扫描速度不同,经典极谱法比较慢,约为 $0.2\ \text{V}\cdot\text{min}^{-1}$,而单扫描极谱法比较快,一般大于 $0.2\ \text{V}\cdot\text{s}^{-1}$;施加极化电压的方式和记录谱图的方法也不同,经典极谱法极化电压施加在连续滴落的多滴汞才完成一个谱图,采用笔录式记录,而单扫描极谱法仅施加在一个

滴汞的生长后期的 $1\sim2$ s 瞬间内完成一个极谱图,较早时采用阴极射线示波管法记录,而现今采用专用微机记录。

单扫描极谱波呈平滑的峰形,见图 10-4。对于可逆电极反应过程,在 25℃ 时单扫描极谱仪上峰电流 $i_p$ 可表示为

$$i_p = 2.69 \times 10^5 n^{3/2} D^{\frac{1}{2}} v^{1/2} Ac \tag{10-9}$$

对于滴汞电极,$A = 0.85 q_m^{2/3} t_p^{2/3}$,则

$$i_p = 2.29 \times 10^5 n^{3/2} D^{1/2} q_m^{2/3} t_p^{2/3} v^{1/2} c \tag{10-10}$$

式中,$i_p$ 为峰电流(A);$n$ 为电子转移数;$D$ 为被测组分的扩散系数($cm^2 \cdot s^{-1}$);$v$ 为扫描速度($V \cdot s^{-1}$);$q_m$ 为汞滴的流速($mg \cdot s^{-1}$);$t_p$ 为峰电流处的时间,从滴汞电极开始生长计算(s);$c$ 为被测物质浓度($mmol \cdot L^{-1}$)。

对于可逆电极反应,峰电位 $E_p$ 与直流极谱半波电位的关系:

$$E_p = E_{1/2} \pm 1.1 \frac{RT}{nF} \tag{10-11}$$

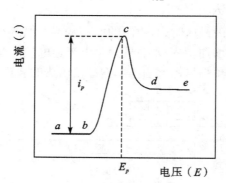

**图 10-4 单扫描极谱波**

### 10.2.3 循环伏安法

循环伏安法就是在单扫描极谱法的线性扫描电位扫至某电位值后,再以同样的扫描速度反方向回扫至原来的起始电位值,完成一次循环,如图 10-5 所示。若需要,可以进行连续循环扫描。当电位从正向负扫描时,电活性物质在电极上发生还原反应,产生还原波,其峰电流为 $i_{pc}$,峰电位为 $E_{pc}$;当逆向扫描时,电极表面上的还原态物质发生氧化反应,其峰电流为 $i_{pa}$,峰电位为 $E_{pa}$。所得到的循环伏安曲线见图 10-6。从循环伏安图

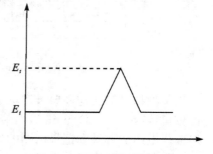

**图 10-5 三角波扫描电位**

上可以获得峰电流 $i_{pc}$，$i_{pa}$ 和峰电位 $E_{pc}$，$E_{pa}$ 等重要参数。根据循环伏安图提供的信息来判断电极过程的可逆性、导电性或来研究电极反应的机理等。循环伏安使用的指示电极有悬汞电极、铂电极、玻碳电极和金圆盘电极等。

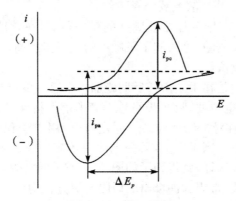

**图 10-6　循环伏安图**

### 10.2.4　脉冲极谱法

直流极谱法无法从技术上克服充电电流的影响，为此人们提出了脉冲极谱法。这里主要讨论脉冲极谱法中的方波极谱法、常规脉冲极谱法和示差脉冲极谱法。

（1）方波极谱法：将一个电压振幅为 $10\sim30$ mV 、频率为 $225\sim250$ Hz 的方波，叠加在线形变化的电位上，如图 10-7 所示。当溶液中有可还原的金属离子存在时，因方波的加入，除了充电电流，同时会产生金属离子还原的 Faraday 电流。在方波半周后期的充电电流已非常小，这时进行电流采样，则主要为 Faraday 电流。所得到的电流－电位曲线呈峰形。对于可逆的电极反应，其峰电流为

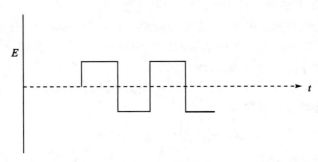

**图 10-7　方波极谱中外加电压与时间关系**

$$i_p = k\frac{n^2 F^2}{RT}\Delta UAD^{1/2}c \tag{10-12}$$

式中，$k$ 为方波频率及采样时间有关的常数；$\Delta U$ 为方波电压的振幅；$A$ 为电极面积（$cm^2$）；$D$ 为被测组分扩散系数（$cm^2 \cdot s^{-1}$）。

（2）常规脉冲极谱法：由于方波脉冲的频率很高，在脉冲电压半周的短时间内充电电流不能充分衰减，这限制了灵敏度的进一步提高。为此，发展起了常规脉冲和示差脉冲极谱法。

常规脉冲极谱法是在汞滴生长后期施加一个巨型的脉冲，脉冲持续 40～60 ms 后再跃回到起始电位处，脉冲跃回与汞滴击落保持同步，其电位与时间的关系如图 10-8 所示。在脉冲结束前某一固定时刻，用电子积分电路采集电流，随之汞被强制敲落。下一滴汞产生，另一个振幅稍高的脉冲被加入，再采集电流。这样周而复始地循环采样，就得到了如图 10-9 所示的常规脉冲极谱图。

对于可逆极谱波，常规脉冲极谱的极限电流方程为

$$i = nFAD^{1/2}(\pi t_m)^{-1/2}c \tag{10-13}$$

式中，$t_m$ 为每个周期内从开始施加脉冲到进行电流采样所经历的时间。

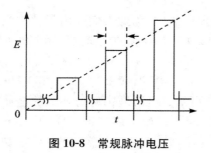

图 10-8　常规脉冲电压

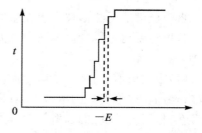

图 10-9　常规脉冲极谱图

（3）示差脉冲极谱法：示差脉冲极谱也称微分脉冲极谱，它与常规脉冲极谱有些相似，但示差脉冲极谱施加的脉冲和电流取样的方式不同。示差脉冲极谱法是在一个线性变换的电压上，叠加等振幅的脉冲（阶梯脉冲电压），脉冲高度保持恒定（10～100 mV），它在每滴汞的生长周期内对电流采样两次，即脉冲加入前 20 ms 和脉冲消失（或汞滴击落）前 20 ms，如图 10-10 所示。以每滴汞上两次采样的电流之差 $\Delta i$ 对电位作图即得到示差脉冲极谱图，如图 10-11 所示。示差脉冲极谱峰电流可表示为

$$\Delta i_p = \frac{n^2 F^2}{4RT}\Delta UAD^{1/2}(\pi t_m)^{-1/2}c \tag{10-14}$$

式中，$\Delta U$ 为脉冲振幅。

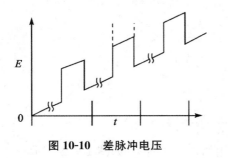

图 10-10　差脉冲电压

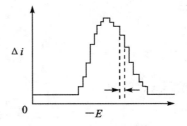

图 10-11　示差脉冲极谱图

### 10.2.5　溶出伏安法

溶出伏安法是在极谱法基础上发展起来的灵敏度高的痕量分析方法。其操作分为电解富集和溶出测定过程两步，首先将工作电极固定在恒电位和在搅拌溶液的条件下进行电解，使被测物质富集在电极上，使溶液静止后反方向改变电位，让富集在电极上的物质重新溶出。溶出过程主要有单扫描极谱法、脉冲极谱法、方波伏安法等，可以得到一种尖峰形状的伏安曲线。伏安曲线的高度与被测物质的浓度、电解富集时间、溶液搅拌的速度、电极的面积以及溶出时电位变化的速度等因素有关。当其他因素固定时，峰高与溶液中被测物质浓度呈线性关系，故可用于定量分析。

溶出伏安法按照溶出时工作电极发生氧化反应或还原反应，可以分为阳极溶出伏安法和阴极溶出伏安法。如果工作电极上发生的是氧化反应就称为阳极溶出伏安法；如果工作电极上发生的是还原反应，则称为阴极溶出伏安法。

## 10.3　分析方法

极谱法和伏安法定量分析方法有标准曲线法和标准加入法等。

### 10.3.1　标准曲线法

标准曲线法是配制一系列不同浓度的被测物质的标准溶液，在相同的实验条件下（即相同的底液、同一根毛细管等），分别测定各溶液的波高（或扩散电流），绘制波高-浓度的标准曲线，然后在相同的实验条件下测定试样溶液的波高，从标准曲线上查出相应的浓度。

### 10.3.2　标准加入法

取浓度为 $c_x$、体积为 $V_x$ 的试液溶液，作出极谱图，测得波高为 $h$；然后加入浓度为 $c_s$、体积为 $V_s$ 的标准溶液，在相同的实验条件下作出极谱图，测得其波高 $H$。由于极谱图上的扩散电流的 $i_d$ 可用波高 $h$ 来代表，根据扩散电流方

程得

$$h = Kc_x \tag{10-15}$$

$$H = K\frac{V_x c_x + V_s c_s}{V_x + V_s} \tag{10-16}$$

上述两式合并为

$$c_x = \frac{c_s V_s h}{(V_x + V_s)H - hV_x} \tag{10-17}$$

测量波高的方法有很多种,但最常用的是三切线法,如图 10-12 所示。

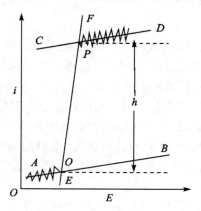

图 10-12　三切线法测定波高

## 参考文献

[1] 武汉大学,等. 分析化学(下)[M]. 5 版. 北京:高等教育出版社,2007.

[2] 华中师范大学,等. 分析化学(下)[M]. 3 版. 北京:高等教育出版社,2001.

[3] 李克安. 分析化学教程[M]. 北京:北京大学出版社,2005.

[4] 朱明华. 仪器分析[M]. 3 版. 北京:高等教育出版社,2000.

编写人:翟秀荣

# 第11章 气相色谱法

## 11.1 引言

气相色谱法是一种以气体为流动相的柱色谱分离分析方法,它又可分为气液色谱法和气固色谱法。气相色谱法不仅可以分析有机物,也可分析部分无机物。目前气相色谱所能分析的有机物占全部有机物的 $15\%\sim20\%$。一般来说,在仪器允许的汽化条件下,凡是能够汽化且热稳定、不具腐蚀性的液体或气体,都可用气相色谱法分析。有的化合物因沸点过高难以汽化或热不稳定而分解,则可以通过化学衍生化的方法,使其转变成易汽化或热稳定的物质后再进样分析。

气相色谱法能分离性质极相似的物质,如同位素、同分异构体、几何异构体、旋光异构体等,以及组成极复杂的混合物,如石油、污染水样及天然精油等。

气相色谱法使用高灵敏度的检测器,有的检测器检测限可达 $10^{-12}\sim10^{-14}$ $g\cdot s^{-1}$,是痕量分析不可缺少的工具之一。因此气相色谱已成为痕量物质分析、大气污染物分析以及农药残留物分析等工作中的有效手段。

## 11.2 方法原理

气相色谱法分离的原理主要是利用试样中各组分在气相和固定相间的分配系数不同。当汽化后的试样被载气带入色谱柱中运行时,组分就在其中的两相间进行反复多次分配,由于固定相对各组分的吸附或溶解能力不同,因此各组分在色谱柱中的运行速度就不同,经过一定的柱长后,便彼此分离,按顺序离开色谱柱进入检测器,产生的离子流讯号经放大后,在记录仪上描绘出各组分的色谱峰。根据出峰时间,对组分进行定性分析;根据峰面积或峰高,对组分进行定量分析。

## 11.3 仪器结构与原理

气相色谱仪由五大系统组成:气路系统、进样系统、分离系统、控温系统以及检测记录系统,如图 11-1 所示。

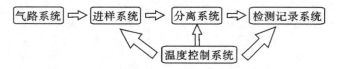

图 11-1　气相色谱仪结构系统

## 11.3.1　气路系统

　　气路系统包括气源、净化干燥管和载气流速控制装置。气源是气相色谱仪载气和辅助气的来源,可以是高压气体钢瓶、气体发生器及空气压缩机。在使用高压钢瓶时要通过一个减压阀把 10 MPa 以上的压力减到 0.5 MPa 以下。通常使用的载气有氮气、氢气、氦气、氩气,辅助气为空气、氮气等。选用何种载气主要取决于所选用的检测器。常用氢气或氦气作为热导检测器的载气;用氮气作为氢火焰离子化检测器的载气。

　　载气的净化需经过装有活性炭或分子筛的净化器,以除去载气中的水、氧、烃等不利的杂质,一般气体净化后纯度达到 99.99% 以上才可使用。载气的流速和变化对色谱柱的分离效能和检测器的灵敏度有很大的影响,保证载气流速的稳定性是色谱定性和定量分析可靠性极为重要的条件。而流速的调节和稳定是通过减压阀、稳压阀和针形阀串联使用后达到的,一般载气的变化程度小于1%。

## 11.3.2　进样系统

　　进样系统包括进样器及汽化室两部分。汽化室的作用是将液体或固体试样,在进入色谱柱之前瞬间汽化,然后快速定量地转入到色谱柱中。进样的大小,进样时间的长短、试样的汽化速度等都会影响色谱的分离效果和分析结果的准确性和重现性。

　　液体样品进样常以微量注射器(1 μL,5 μL,10 μL,50 μL)或六通阀将液体样品注入汽化室。气体样品进样常用推拉式六通阀或旋转式六通阀定量进样。进样时要求进样量或体积适宜,一般情况采用填充柱时液体不超过 10 μL,气体不超过 10 mL。此外进样量还与检测器的灵敏度和采用的色谱柱有关,热导检测器进样量为 1~5 μL,氢火焰离子化检测器在 1 μL 以下。毛细管柱受柱容量限制分离,体积一般不超过 1 μL,同时为了保证毛细管柱的低容量和高柱效,多采用分流进样方式,体积过大或进样过慢,会导致分离变差。

　　为了使样品在汽化室中瞬间汽化而不分解,要求汽化室热容量大,无催化效应。为了尽量减少柱前谱峰变宽,汽化室的死体积应尽可能小。

## 11.3.3　分离系统

　　分离系统由色谱柱组成,色谱柱是色谱仪的心脏,安装在温控的柱室内。色谱柱主要有两类:填充柱和毛细管柱。填充柱常用不锈钢管柱或玻璃柱,内径为 2~4 mm,长度为 1~3 m,根据分析要求填充合适的固定相。毛细管柱为空心柱,内径为 0.1~0.5 mm,长几十米甚至更长,通常弯成直径 10~30 cm 的螺旋状,柱内壁涂以固定液。毛细管柱材料可以是不锈钢、玻璃或石英。毛细管柱渗透性好、传质快,因而分离效率高、分析速度快、样品用量小。

样品中的组分能否很好地分离,主要取决于固定液的选择。固定液通常是高沸点、难挥发的有机化合物,其选择一般根据"相似相溶"的原则。一般要求固定液的结构、性质、极性与被分离组分相似或相近,这样分子间作用力大,被测组分在固定液中的溶解度就大,分配系数大,保留时间长。

### 11.3.4　温度控制系统

温度直接影响色谱柱的选择分离、检测器的灵敏度和稳定性。控制温度主要是对汽化室、色谱柱箱、检测室的温度进行控制。

汽化室温度应使试样瞬间汽化但又不分解,通常选在试样的沸点或稍高于沸点。对热不稳定性样品,可采用高灵敏度检测器,则大大减少进样量,使汽化温度降低。

色谱柱箱温度的变动会引起柱温的变化,从而影响柱的选择性和柱效,因此柱箱的温度控制要求精确。柱箱的温度控制方式有恒温和程序升温两种。对于沸点范围很宽的混合物,一般采用程序升温法进行。

检测室温度的波动影响检测器(氢火焰离子化检测器除外)的灵敏度或稳定性,为保证柱后流出组分不至于冷凝在检测器上,检测室温度必须比柱温高数十度,检测室的温度控制精度要求在 ±0.1℃ 以内。

### 11.3.5　检测记录系统

样品经色谱柱分离后,各组分按其不同的保留时间,依次地进入检测器,检测器按其含量的大小转化成相应的电信号输出,经放大后在记录仪上以色谱峰的形式显示出来,电信号及其大小是被测组分定性、定量分析的唯一依据。色谱中的检测器,一般要求其具有灵敏度高、噪声低、线性范围宽、响应快、死体积小、对温度和流速变化不敏感等特性。

气相色谱常用的检测器是热导检测器、氢火焰离子化检测器、电子捕获检测器、火焰光度检测器等。这四种检测器都是微分型检测器。微分型检测器的特点是被测组分不在检测器中积累,色谱流出曲线呈正态分布,即呈峰形,峰面积或峰高与组分的质量或浓度成比例。

微分型检测器又可分为浓度型和质量型两种。热导检测器和电子捕获检测器属浓度型;氢火焰离子化检测器和火焰光度检测器属质量型。浓度型检测器指其响应与进入检测器的浓度的变化成比例;质量型检测器指其响应正比于单位时间内进入检测器的质量。

(1)热导检测器:热导检测器(TCD)是气相色谱常用的检测器,其结构简单、性能稳定、对有机物或无机物都有响应、适用范围广,是最为成熟的气相色谱检测器,但其灵敏度较低。

热导检测器是基于不同物质具有不同的热导系数进行检测的,利用热敏组件(钨丝或铂丝等)组成的惠斯登电桥测量热导率的变化。进样前,载气以同样的流速通过参考臂和测量臂,电桥处于平衡状态。当试样组分进入后,纯载气只能通过电桥中的参考臂,混有被分离组分的载气通过电桥中的测量臂。由于两臂热导率的差别,其电阻值发生变化,电桥产生不平衡电位,以电压的信号输出得到该组分的色谱峰。热导检测器的灵敏度取决于载气和被测物质热导率的差值,差值越大,灵敏度越高,当被测物质的热导率大于载气时,则产生倒峰。

(2)氢火焰离子化检测器:氢火焰离子化检测器(FID)是一种高灵敏度通用型检测器。它几乎对所有的有机物都有响应,而对无机物、惰性气体或火焰中不解离的物质等无响应或响应很小。它的灵敏度比热导检测器高 3～4 个数量级,检测限达 $10^{-13}\,g \cdot s^{-1}$,对温度不敏感,响应快,适合连接毛细管柱进行复杂样品的分离分析。其主要缺点是需要三种气源以及流速控制系统,对防爆有严格要求。

氢火焰离子化检测器是根据含碳有机物在氢火焰中发生电离的原理进行检测的。流出色谱柱的被测组分与载气在气体入口处与氢气混合后进入离子室,以空气作为助燃气,在火焰喷嘴上燃烧,产生约 2100℃ 的高温。被测有机物在高温火焰中被电离成数目相等的正负离子。当在氢火焰附近的收集极和极化极之间加 100～300 V 的极化电压形成直流电场时,正负离子在电场的作用下分别向两极定向移动形成离子流。离子流大小与进入离子室的被测组分含量之间存在定量关系。但由于有机物在氢火焰中的电离效率很低,大约每 50 万个碳原子只有 1 个碳原子被电离,因此产生的离子流很微弱,需经放大器放大后,才能在记录仪上得出色谱峰,因此提高离子化效率是提高 FID 灵敏度的有效途径。

(3)电子捕获检测器:电子捕获检测器(ECD)是一种选择性检测器,只对具有电负性物质,如含有卤素、硫、磷、氧的物质有响应,并且物质的电负性越强,检测灵敏度越高。但其线性范围窄,受操作条件影响比较大,重现性差。

电子捕获检测器的工作原理是载气分子通过检测器时,在 β 射线作用下电离成正离子和自由电子,在电场作用下,形成离子化电流即基流。此基流经放大由记录仪记录下来即为色谱基线。当载气携带被分离组分进入检测器时,组分捕获电子,形成稳定的负离子,与载气电离产生的正离子结合形成中性化合物,降低了原有基流而产生负信号。进入检测器的组分浓度越大,基流越小,检测器的电信号变化与被测组分浓度成正比。

电子捕获检测器特别适合于环境样品卤代农药和多氯联苯等微量污染物的分析,在生物化学、药物、农药、环境监测、食品检验等领域有广泛应用。

(4)火焰光度检测器:火焰光度检测器(FPD)是一种对硫、磷化合物有高灵敏度的选择性检测器,又称"硫磷检测器"。它对硫、磷的响应比烃类高 1 万倍,适合于分析含硫、磷的有机化合物和气体硫化物,在大气污染和农药残留分析中应用很广。

火焰光度检测器机理是当含硫或磷的化合物流出色谱柱后,在富氢-空气火焰中,硫化物发出的 394 nm 特征波长的光、磷化物发出的 526 nm 特征波长的光透过石英玻璃窗到干涉滤光片,激发光电倍增管,使其将光信号变为电信号,由放大器放大记录为色谱峰。

# 11.4　分析方法

色谱分析时,有些试样可以直接用注射器抽取进行分析,但对不少试样需要进行预处理,如试样中干扰物质的消除或低浓度试样的浓缩。此外,对一些极性较大的有机酸、醇等,它们的挥发性过低,或对于一些热稳定性差的试样须进行化学衍生化,如重氮甲烷甲酯化、三甲基硅烷化等,使它们转变为稳定的、易挥发的物质后进行色谱分析。

## 11.4.1　定性分析

气相色谱法定性主要采用未知组分的保留值与相同条件下的标准物质的保留值进行比较,必要时还须应用其他化学方法或仪器分析方法联合鉴定,才能准确判断存在的组分。

(1)利用纯物质定性:

1)利用保留值定性:利用保留值定性是最常用的也是最简单的方法。主要的定性参数是保留值,包括保留时间、保留体积、相对保留时间等。在相同条件下,如果纯物质的保留值与试样中某色谱峰的保留值一致,可初步判断二者可能是同一物质。对于保留值接近或分离不完全的组分,此方法难以准确判断。

2)利用标准加入法定性:在试样中加入一已知的纯物质,观察各组分色谱峰的相对变化。若某一峰明显增高,则可认为此峰代表该纯物质。

必须注意,在一根色谱柱上或一个检测器上,无论用保留值还是标准物定性都不一定可靠。因为在同一柱上,不同的物质常常会有相同的保留值,所以单柱定性是不可靠的,可采用选择极性不同的两根或两根以上柱子再进行比较,若在两根极性不同的柱上,纯物质与被测组分的保留值相同,则可确定该被测组分的存在。

(2)利用文献保留值定性:用组分与基准物质的相对保留值与文献报道的值比较。相对保留值只与两组分的分配系数有关,只要固定相性质和柱温确定,相对保留值就是一个定值。

### 11.4.2 定量分析

色谱定量分析的依据是一定操作条件下,组分的量($m_i$)与检测器的响应信号(峰面积 $A_i$ 或峰高 $h_i$)成比例:

$$m_i = f_i A_i \tag{11-1}$$

式中,$m_i$ 可以是质量、物质的量或体积;$f_i$ 为组分的定量校正因子(简称校正因子)。

(1)峰面积的测量:一个色谱峰的面积,在理想状态下视作一个等腰三角形,利用几何学方法即可求得,但此面积与相应高斯曲线的积分面积相比,只有0.94,因此准确的面积可按下式计算:

$$A_i = 1.065 h W_{1/2} \tag{11-2}$$

若峰拖尾或前伸,或峰太窄、太矮都会带来测量误差。

目前的色谱仪都配有电子积分仪或微处理机,甚至色谱工作站,使谱操作及数据处理实现自动化。

(2)校正因子:

1)绝对校正因子:由下式可得到绝对校正因子:

$$f_i = \frac{m_i}{A_i} \tag{11-3}$$

由此可知,绝对校正因子表示单位峰面积或单位信号所代表的组分量。$f_i$ 值与检测器性能、组分和流动相性质及操作条件等有关。

2)相对校正因子:由于不易得到准确的绝对校正因子,在实际定量分析中采用相对校正因子。组分的绝对校正因子 $f_i$ 和标准物的绝对校正因子 $f_s$ 之比即为该组分的相对校正因子 $f'_i$。

①相对质量校正因子 $f'_{m(i)}$:

$$f'_{m(i)} = \frac{f_{m(i)}}{f_{m(s)}} = \frac{m_i/A_i}{m_s/A_s} = \frac{m_i A_s}{m_s A_i} \tag{11-4}$$

②相对摩尔校正因子 $f'_{M(i)}$:

$$f'_{M(i)} = \frac{f_{M(i)}}{f_{M(s)}} = \frac{m_i A_s M_s}{m_s A_i M_i} \tag{11-5}$$

式中,$m_i$ 和 $m_s$ 分别为组分和标准物的质量;$M$ 为被测物摩尔量;$A_i$ 和 $A_s$ 分别

为组分和标准物 $s$ 的峰面积。

3)相对校正因子的测定:相对校正因子一般都应由实验者自己测定。准确称取组分和标准物,配制成溶液,取一定体积注入色谱仪,经分离后测得各组分的峰面积,再由式(11-4)和(11-5)计算出该组分的相对校正因子。标准物可以是外加的,也可以指定某一被测组分。

相对校正因子与组分和标准物的性质及检测器类型有关,与操作条件无关。当无法得到被测的纯组分时,也可利用文献值。文献中的相对校正因子常用苯(对热导检测器)或庚烷(对火焰离子化检测器)作标准物。

测定相对校正因子时应注意:组分和标准物的纯度应符合色谱分析要求,一般不小于 98%。在某一浓度范围内,响应值与浓度呈线性关系,组分的浓度应在线性范围内。

(3)定量方法:

1)归一化法:归一化法简便、准确,定量结果与进样量重复性无关,且操作条件的波动对结果的影响较小。但必须是样品中所有组分经色谱分离后均能产生可以测量的色谱峰时才能使用。

样品中组分的质量分数可按下式计算:

$$w_i = \frac{m_i}{m_s} \times 100\% = \frac{m_i}{m_1 + m_2 + \cdots + m_n} \times 100\% = \frac{A_i f'_i}{A_1 f'_1 + A_2 f'_2 + \cdots + A_n f'_n} \times 100\%$$

(11-6)

式中,$A_1 \cdots A_n$ 和 $f_1 \cdots f_n$ 分别为样品中各组分的峰面积和相对校正因子。

如果样品中各组分的相对校正因子相近,如同系物中沸点相近的不同组分,上式可简化为

$$w_i = \frac{A_i}{A_1 + A_2 + \cdots + A_n} \times 100\%$$

(11-7)

也可采用峰高归一化法:

$$w_i = \frac{h_i f'_i}{h_1 f'_1 + h_2 f'_2 + \cdots + h_n f'_n} \times 100\%$$

(11-8)

式中,$f'_i$ 为峰高相对校正因子,测定方法与前面相对校正因子方法相同。由于峰高相对校正因子易受操作条件影响,因此必须严格控制实验条件。

2)内标法:选择一种与试样组分性质相近的物质为内标物,加入到已知质量的试样中,进行色谱分离,测量样品中被测组分和内标物的峰面积,被测组分的质量分数可按下式计算:

$$w_i = \frac{m_i}{m} = \frac{m_i}{m_s} \times \frac{m_s}{m} = \frac{A_i f'_i}{A_s f'_s} \times \frac{m_s}{m}$$

(11-9)

在测定相对校正因子时,常以内标物本身作为标准物,则 $f'_s = 1$。式中,$A_i$

和 $A_s$ 分别为试样中被测组分和内标物的峰面积;$f'_i$ 为组分的相对校正因子;$m$ 和 $m_s$ 分别为试样和内标物的质量。

内标物应为试样中不含有的组分,且内标物色谱峰位置应尽量靠近被测组分,但不与其重叠,含量应与组分含量接近。

内标法定量准确,对进样量和操作条件控制的要求不很严格,但必须准确称量样品和内标物。内标法适用于只需对样品中某几个组分进行定量分析的情况。

3)外标法:用被测组分的纯物质配制一系列不同含量的标准溶液,在一定色谱条件下分别进样分析,测得相对应的响应值(峰高或峰面积),绘制含量-响应值曲线,正常情况下工作曲线必须通过原点。在同样条件下测得被测组分的响应值,再从曲线上查得相应的含量。

在已知样品校准曲线呈线性的前提下,配制一个与被测组分含量相近的标准物,在同一条件下先后对被测组分和标准物进行测定,被测组分的质量分数可按下式计算:

$$w_i = \frac{A_i}{A_s} w_s \qquad (11\text{-}10)$$

式中,$A_i$ 和 $A_s$ 分别为被测组分和标准物的数次峰面积的平均值;$w_s$ 为标准物的质量分数。也可用峰高代替峰面积进行计算。

外标法操作方便简单,不需要校正因子,不论样品中其他组分是否出峰,均可对待测组分定量。但要求操作条件稳定,进样体积一致,且对标准物的色谱纯度要求高。

## 参考文献

[1] 许国旺,等. 现代实用气相色谱法[M]. 北京:化学工业出版社,2004.

[2] 何金兰,等. 仪器分析原理[M]. 北京:科学出版社,2002.

[3] 朱明华. 仪器分析[M]. 北京:高等教育出版社,2000.

编写人:王彩红

# 第12章　高效液相色谱法

## 12.1　引言

　　液相色谱法是指流动相为液体的色谱技术。最早的液相色谱是1906年俄国植物学家 Tswett 在分离植物色素时建立起来的一种分离方法,它的原理是借助于样品中各组分分子在流动相和固定相之间作用力的差别而进行分离。

　　高效液相色谱法(high performance liquid chromatography, HPLC)是在经典的液体柱色谱法的基础上,引入了气相色谱法的理论,在技术上采用了高压泵、高效固定相和高灵敏度的检测器,具有分析速度快、分离效率高、检测灵敏度高、操作简便等优点。由于固定相和流动相的多样性,分离机理也是多种多样的,从原理上讲,只要是能溶解在流动相中的物质都可以用高效液相色谱来分离和分析。

　　高效液相色谱与气相色谱的主要区别在于高效液相色谱中的分离作用是依据样品分子与流动相和固定相三者之间作用力的差别,而气相色谱是依据样品分子与固定相之间作用力的差别,流动相几乎不参与分离作用。气相色谱分析的是易汽化的样品,对于使用气相色谱法难以分析的高沸点、热稳定性差、相对分子质量较大的化合物原则上都可以用高效液相谱来进行分离、分析,因此,高效液相谱的应用范围更加广泛,约80%的有机化合物都可以用这种方法进行分析。

## 12.2　方法原理

### 12.2.1　液-液分配色谱法

　　液-液分配色谱法的流动相与固定相都是液体,两相互不相溶,试样组分由于在两相之间的分配系数的不同从而实现分离。根据两相的相对极性大小可以分为正相色谱与反相色谱,若流动相的极性小于固定相的极性,称为正相液-液色谱法;若流动相的极性大于固定相的极性,称为反相液-液色谱法。

　　由于在色谱分离过程中固定液不可避免地流失,导致柱效下降、分离选择性降低等不良后果。为了解决这一问题,将各种不同的有机基团通过化学反应共价键合到载体表面上,代替机械涂渍的液体固定相,产生了化学键合固定相,为色谱分离开辟了广阔的前景。

### 12.2.2 液-固吸附色谱法

液-固吸附色谱法的固定相是固体吸附剂,常用的有硅胶、氧化铝、活性炭等。其作用机制是溶质分子和溶剂分子对吸附剂活性表面的竞争吸附。溶质分子反复地被吸附,又反复地被流动相分子顶替解吸,随着流动相的流动而在柱中向前移动。由于不同的组分在固体吸附剂上吸附能力不同导致移动速度不同从而实现分离。

液-固色谱法适用于分离相对分子质量中等的油溶性试样,对于具有不同官能团的化合物和异构体有较高的选择性。缺点是由于非线性等温吸附常引起峰的拖尾。

### 12.2.3 离子交换色谱法

离子交换色谱法是基于离子交换树脂上可电离的离子与流动相中具有相同电荷的溶质离子进行可逆交换,依据不同的离子对交换剂具有不同的亲和力而实现分离。

离子交换色谱法主要用于分离离子或可离解的化合物,不仅用于无机离子的分离还可用于有机物的分离,已成功地分离了氨基酸、核酸、蛋白质等,在生物化学领域得到了广泛应用。

### 12.2.4 离子对色谱法

离子对色谱法主要用于分离强极性的有机酸、有机碱等。它是将一种(或多种)与溶质分子电荷相反的离子(称为对离子或反离子)加到流动相或固定相中,使其与溶质离子形成疏水型的离子对化合物,从而控制溶质离子的保留行为。

离子对色谱法解决了以往难分离混合物的分离问题,诸如酸、碱和离子、非离子的混合物,特别是对于一些生化试样如核酸、核苷、儿茶酚胺、生物碱以及药物等的分离。

### 12.2.5 空间排阻色谱法

空间排阻色谱也称为凝胶色谱。其固定相是具有一定孔径范围的多孔性物质,即凝胶。当组分被流动相携带进入色谱柱时,体积大的分子不能进入固定相表面的孔穴中,而随流动相直接通过色谱柱,保留时间最短。体积较小的分子可以进入孔穴内,在色谱柱中所走的途径较长,保留时间也较长。分子的尺寸越小,可进入的孔穴越多,所走的路径越长,保留时间也越长。因此,在凝胶色谱中,被分离组分因分子空间尺寸大小的不同而被分离,流动相的作用不是参与分离,而是为了溶解样品或减小流动相的黏度。以有机溶剂为流动相的称为凝胶渗透色谱,以水为流动相的称为凝胶过滤色谱。凝胶色谱法主要用来分离高分子化合物,如蛋白质、多糖等。

## 12.3 仪器结构与原理

高效液相色谱仪一般由四部分组成:高压输液系统、进样系统、分离系统和检测系统,如图 12-1 所示。

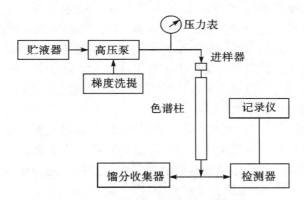

**图 12-1 高效液相色谱仪的装置示意图**

### 12.3.1 高压输液系统

高压输液系统的核心是高压泵,其作用是将流动相以稳定的流速(或压力)输送到色谱系统。对高压泵的要求是流量要稳定,压力要平稳无脉动,对于流速要有一定的可调范围。根据操作原理的不同,高压泵可分为恒流泵和恒压泵。为了提高分离效果、缩短分离时间,该部分常带有梯度洗脱装置,在分离过程中按一定的程序连续改变流动相中溶剂的配比和极性,从而改变被分离组分的分离因素,提高分离效果。

### 12.3.2 进样系统

进样系统是将试样送入色谱柱的装置。一般要求进样装置的密封性好、死体积小、重复性好、保证中心进样,进样时对色谱系统的压力、流量影响小。进样装置有手动进样和自动进样两种,手动进样常使用六通进样阀。

### 12.3.3 分离系统

分离系统的核心是色谱柱,要求柱效高、柱容量大和性能稳定。常用的标准柱型是内径为 4.6 或 3.9 mm、长度为 15~30 cm 的内部抛光的直型不锈钢柱，填料颗粒度为 5~10 $\mu m$，柱效以理论塔板数计为 7 000~10 000。

### 12.3.4 检测系统

检测系统的核心是检测器，检测器是用来连续检测流出物的组成和含量变化的装置，它利用被测物质的某一物理或化学性质与流动相有差异，当被测物质从色谱柱流出时，检测器把化学信号转化为可测量的电信号，以色谱峰的形式表现出来。常用的检测器有紫外光度检测器、荧光检测器、示差折光检测器、电化学检测器等。

（1）紫外光度检测器：紫外光度检测器是高效液相色谱法广泛使用的检测器，它的作用原理是基于被分析试样组分对特定波长的紫外光的选择性吸收，组分浓度与吸光度的关系遵从朗伯-比耳定律。紫外光度检测器具有很高的灵敏度，即使对紫外光吸收较弱的物质也可以用这种检测器检测。此外，这种检测器对温度和流速不敏感，可用于梯度洗脱。缺点是不适用于对紫外光完全不吸收的试样，溶剂的选用受限制。

（2）荧光检测器：荧光检测器是一种灵敏度高、选择性好的检测器。许多物质，特别是具有对称共轭结构的有机芳环分子受到紫外光激发后，能辐射出比紫外光波长稍长的荧光，荧光检测器就是基于在一定的实验条件下发射的荧光强度与浓度成正比进行检测的。多环芳烃、维生素 B、黄曲霉素、卟啉类化合物、许多生化物质如某些代谢产物、药物、氨基酸、胺类、甾族化合物都可以用荧光检测器检测，某些不发射荧光的物质亦可通过化学衍生转变成能发出荧光的物质而得到检测。

（3）示差折光检测器：示差折光检测器是借助于连续测定流通池中溶液折射率的方法来测定试样的浓度。溶液的折射率是流动相和试样的折射率乘以各物质的浓度之和，因此，溶有试样的流动相和纯流动相之间折射率之差，即可表示试样在流动相中的浓度。由于每种物质都有各自不同的折射率，因此都可以用示差折光检测器来检测，它是一种通用型的检测器。其主要缺点是对温度变化敏感，不能用于梯度洗脱。

（4）电化学检测器：电化学检测器是利用物质的电活性，通过电极上的氧化或还原反应进行检测。电化学检测有很多种，如电导、安培、库仑、极谱、电位等，应用较多的是安培检测和电导检测。电化学检测器存在对流动相的限制较严格、电极污染造成重现性差等缺点，所以一般只适用于检测那些既没有紫外吸收又不产生荧光，但有电活性的物质。

## 12.4　分析方法

### 12.4.1　定性分析

色谱定性分析就是要确定色谱图中各个色谱峰分别代表什么物质。定性主要依据特征性不是很强的保留值,即相同的物质在相同的色谱条件下具有相同的保留值。但相反的结论却不一定成立,即在相同的色谱条件下具有相同的保留值的物质不一定是同一物质。这就要求在利用保留值定性时必须十分慎重。高效液相色谱常用的定性分析的方法有以下几种:

(1)利用已知物对照定性:在具有已知标准物质的情况下,将未知物与已知物在同一根色谱柱上在相同的色谱条件下进行分析,利用保留时间定性,保留时间相同的两个峰可能代表同一物质。这种利用纯物质对照进行定性的方法,适用于来源已知且组分简单的混合物。

(2)化学反应定性:将色谱法和化学反应结合起来是一种简便有效的定性方法,特别适合于官能团定性。通常用特征试剂与样品组分进行反应生成相应的衍生物,则处理后的样品色谱图上该类物质的色谱峰或提前、或后移、或消失。比较处理前后样品的色谱图就可以认为哪些组分属于哪类(族)化合物。

(3)其他定性方法:对于组成复杂的混合物经色谱柱分离后再利用质谱、红外光谱或核磁共振等仪器进行鉴定。

### 12.4.2　定量分析

高效液相色谱的定量分析方法与气相色谱法类似,请参见 11.4 的相关内容。

### 12.4.3　改进分离效果的方法

与气相色谱程序升温技术相似,当试样的组成非常复杂、混合物中各组分的性质相差较大、容量因子差异非常显著时,可以使用梯度洗脱技术。该技术是指在色谱分离过程中,以一定的时间程序连续或间断地改变流动相的浓度配比,使其极性从分离的开始到结束逐渐增加(对于正相色谱)或降低(对于反相色谱),使每个组分都有合适的 $k$ 值。在具体操作中,以一种溶剂为主,以递增的流量加入另一种(或几种)极性与主溶剂相差较大的溶剂,使流动相的洗脱能力逐渐增强,使在色谱柱中保留值大的组分在流动相中的溶解度增大,从而迅速流出色谱柱,缩短分离时间。在进行梯度洗脱操作时,应使用对流动相的组成变化不敏感的检测器(如紫外或荧光检测器),而不能使用对流动相的组成变化敏感的检测器(如示差折光检测器)。

## 参考文献

［1］朱明华.仪器分析［M］.北京:高等教育出版社,2000.

［2］曾泳淮,林树昌.分析化学(仪器分析部分)［M］.北京:高等教育出版社,
2004.

编写人:李爱峰

# 第 13 章　毛细管电泳

## 13.1　引言

　　毛细管区带电泳(CZE)是瑞典科学家 Hjerten 于 1967 年首先提出的,他用涂甲基纤维素的 3 mm ID(内径)石英管进行电泳分离。1970 年 Everaerts 等报道其在毛细管等速电泳(CITP)得到 CZE 结果,但效率不高。1979 年 Mikkers 等人在内径为 200 μm ID 的聚四氟乙烯管中进行研究,获得了小于 10 μm 板高的空前高效率,这是毛细管电泳(CE)发展的第一次飞跃。1981 年,Jorgenson 和 Lukacs 使用 75 μm ID 的熔融石英毛细管对荧光标识氨基酸化合物进行 CE 测定,获得理论塔板数高达 40 万的高分离性能,并且深入地阐明了 CE 的一些基本性能和分离的理论依据。这是 CE 发展史上的又一个里程碑。1983 年后,Hjerten 先后提出了毛细管凝胶电泳和毛细管等电聚焦法,分离效率大大提高。1984 年,Terabe 等人提出了胶束电动毛细管色谱法(MEKC),使许多电中性化合物的分离成为可能,大大拓宽了 CE 的应用范围。1986 年,Lauer 报道其在蛋白质 CZE 中获得了 $10^6$ 片·$m^{-1}$ 的高效率。自此以后,CE 的研究成为分析化学领域的热门课题,研究论文数直线上升,应用范围也迅速扩大。

　　毛细管电泳具有高效(理论塔板数大于 $10^5$)、快速(分析时间不超过 40 min)、微量(进样体积一般为 nL 级)、灵敏度高、实验经济、应用面广、自动化程度高等特点,目前在化学、生命科学和药学领域均有广泛的应用。

## 13.2　仪器结构与分离原理

### 13.2.1　仪器结构

　　毛细管电泳是以高压电场为驱动力,以毛细管为分离通道,依据样品中各组分之间电泳淌度或分配行为的差异而实现的液相分离分析新技术。该仪器装置由高压直流电源、进样装置、毛细管、检测器和两个供毛细管插入而又与电源电极相连的缓冲液储瓶组成。仪器结构见图 13-1。

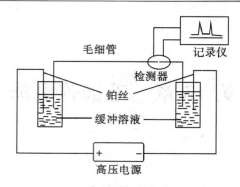

图 13-1　毛细管电泳仪

## 13.2.2　毛细管电泳分离模式

（1）毛细管区带电泳（CZE）：毛细管区带电泳（CZE）亦称毛细管自由溶液区带电泳，是毛细管电泳中最基本也是应用最广的一种操作模式，通常把它看成其他操作模式的母体。毛细管和电解液池充以相同的缓冲液。样品用电迁移或重力进样，施加电压，样品离子以不同的淌度迁移，形成区带从而得到分离。

CZE 中遇到的操作变量主要是电压、缓冲液的种类、浓度、pH、添加剂、进样电压。通过这些因素的有效控制，同时合理选择柱温、分离时间、柱尺寸、进样体积等均会改善分离并提高柱效。

（2）胶束电动毛细管色谱（MECC）：胶束电动毛细管色谱（Micellar Electrokinetic Capillary Chromatography，MECC）是以胶束为准固定相的一种电动色谱。在 MECC 中存在两相，一相是以胶束形式存在的准固定相，另一相是作为载体的液相（即流动相）。试样中的组分在 MECC 中的分离，从本质上来说，是由它们的分子和胶束相及流动相之间的相互作用的差异造成的，尽管对不同的胶束相互作用的形式不同，但是它们所反映的本质是一样的。溶质在毛细管内受到两种作用力，一是胶束对它的作用力，二是流动相的溶解力，即溶质处于两个作用力场的平衡之中，作用力强、溶解力差时，溶质有较大的保留，反之，则较早流出。

MECC 除了可以分析离子化合物外，对中性化合物也可以分离分析，而CZE 做不到这一点。MECC 将电泳技术与色谱技术结合，把电泳分离的对象从离子化合物扩展到中性化合物，是 MECC 的一大创举。MECC 比较容易通过改变流动相和胶束相组成来改善分离的选择性，非常适合于手性化合物的分离。

一般形成胶束的表面活性剂有四类，即阴离子、阳离子、两性离子和非离子表面活性剂。也有人将环糊精、胆汁盐等其他旋光异构体选择剂及有机溶剂作为添加剂引入 MECC，从而扩大了其研究领域。MECC 是目前研究较多、应用较广泛的一种毛细管电泳模式。

（3）毛细管凝胶电泳（CGE）：毛细管凝胶电泳（Capillary Gel Electrophoresis，CGE）是毛细管区带电泳中派生出的一种用凝胶物质作支持物进行电泳的方式，利用凝胶物质的多孔性和分子筛的作用使通过凝胶的物质按照分子的尺寸大小逐一分离，是分离度极高的一种电泳分离技术。

理论上说，凝胶是毛细管电泳的理想介质，它黏度大、抗对流，能减少溶质的扩散，同时也能阻挡毛细管壁对溶质的吸附，因此能限制谱带的展宽，所得峰尖锐、柱效高。CGE 对于大分子物质如蛋白质、多肽、寡聚核苷酸的分离分析，特别是 DNA 序列分析显示了速度和效率方面的优越性。它的主要缺点是制备较困难，寿命较短。

（4）毛细管等速电泳（CITP）：CITP 是基于离子淌度的差异进行带电离子的分离，属于不连续介质电泳。它采用两种不同的缓冲液系统，一种是前导电介质，充满整个毛细管柱；另一种称尾随电介质，置于一端的电泳槽中，前者的淌度高于任何样品组分，后者则低于任何样品组分。当加上电压后电位梯度的扩展使所有离子最终以同一速度泳动，样品带在给定的 pH 下按其淌度和电离度大小依次连续迁移，得到互相连接而又不重叠的区带。

带长可用于定量测定，CITP 可在无支持电解质的条件下进行分离，并可通过控制 pH 值，改变任意两种离子间的分辨率，可观察到指纹区物质的微小变化。CITP 不能对阴离子和阳离子进行同时分离，且由于采用不连续缓冲体系，空间分辨率较差。

（5）毛细管等电聚焦电泳（CIEF）：两性电介质在分离介质中的迁移造成 pH 梯度，由此可以使蛋白质根据它们不同的等电点进行分离，具有一定等电点的蛋白质顺着这一梯度迁移到相当于它们的等电点的那个位置，并在该点停下，由此产生一种非常窄的聚集区带，并使不同等电点的蛋白质聚集在不同的位置上，这就是等电聚焦分离的基本原理。

在毛细管内实现等电聚焦过程必须解决两个问题，一是减小电渗流，可将亲水聚合物键合到毛细管壁表面而达到此目的；二是找到一种使区带迁移的途径，可加盐、改变缓冲液的 pH 值及利用压差等手段。与此同时也要防止蛋白质的吸附。等电聚焦分离有很高的分辨率，一般可以分离等电点差异小于 0.01 pH 单位的两种蛋白。

（6）毛细管电色谱（CEC）：CEC 是将毛细管填充固定相或内壁涂上固定相，物质的运动受电渗、电迁移及在移动相和固定相的分配影响。它具有高柱效及高选择性的特点。

CEC 是一种新的高效分离技术,其在仪器设备及实验技术方面有较大突破,应用范围也逐渐扩大。

(7)亲和毛细管电泳(ACE):亲和毛细管电泳是在 CZE 缓冲液或管内加入亲和作用试剂的一种电泳分支,在研究生物分子之间的特异性相互作用及提高分离选择性方面有着广泛的应用。目前,ACE 的研究主要集中在两个方面:一是研究受体与配体之间的特异性相互作用;二是利用这种特异性相互作用提高毛细管电泳分离的选择性。

# 13.3 分析方法

## 13.3.1 操作参数的选择

(1)电压:一般地讲,在柱长一定的情况下,随着操作电压的增加,电渗流和电泳速度的绝对值都增加,由于电渗流速度一般大于电泳速度,因此表现为粒子的总迁移速度加快。

(2)缓冲溶液种类和浓度:缓冲溶液的选择可以考虑以下几点:在所选的 pH 范围内有很好的缓冲容量;在检测波长的吸收低;自身的淌度低,即摩尔质量大而荷电小,以减少电流的产生。

缓冲溶液浓度是一个很重要的指标,它的作用比较复杂。增加浓度使离子强度增加,因此明显地改变缓冲液的容量,减少溶质和管壁之间、被分离粒子和粒子(如蛋白质-DNA)之间的相互作用,从而改善分离。

在大多数情况下,随着缓冲溶液浓度的增加,电渗流速降低,溶质在毛细管内的迁移速度下降,因此迁移时间延长。当然也有偏离上述的情况。

(3)pH 值:溶液的 pH 值对电渗流的影响是通过改变表面特性(即电动电位)而起作用。对熔硅毛细管,在高 pH 下,表面 Si—OH 基电离,负电荷密度大,zata 电势高。随着 pH 降低,表面 Si—OH 基电离受到抑制,负电荷密度减少。在低 pH 下,由于 Si—OH 基质子化作用,负电荷表面被 $H^+$ 中和,可导致 zata 电势为零。电渗流正比于 zata 电势。

(4)添加剂:在缓冲溶液中加入添加剂,如表面活性剂、有机溶剂、两性粒子等,会引起电渗流的显著变化。表面活性剂能显著改变毛细管内壁电荷特性,从而使 zata 电势改变;有时也可改变溶液的性质,形成胶束,从而改变毛细管电泳机理。加入有机溶剂会降低离子强度,使扩散层变厚。两性粒子可能改变表面净电荷(通过氢键或偶极作用键合到管壁)。

## 13.3.2 分析依据

与色谱分析相似,毛细管电泳采用迁移时间(或相对迁移时间)进行定性分析，用峰高或峰面积（或相对峰高、相对峰面积）作定量分析。

## 参考文献

［1］武汉大学化学与分子科学学院实验中心. 仪器分析实验［M］. 武昌：武汉大
学出版社，2005.

［2］陈培榕，李景虹，邓勃，等. 现代仪器分析实验与技术［M］. 北京：清华大学出
版社，2006.

编写人：刘海兴

# 第二部分
# 实验内容

# 实验 1　ICP 发射光谱法测定自来水中的铜铁锌锰

## 一、实验目的

(1)学习电感耦合等离子体发射光谱分析的基本原理及操作技术。

(2)了解电感耦合等离子体光源的工作原理。

(3)掌握电感耦合等离子体发射光谱法测定自来水试样中铜、铁、锌、锰等元素含量的方法。

## 二、实验原理

电感耦合等离子发射光谱仪是以场致电离的方法形成 ICP 火焰,其温度可达10 000 K。试样溶液以气溶胶态进入 ICP 火焰中,待测元素原子或离子即与等离子体中的高能电子、离子发生碰撞吸收能量处于激发态,激发态的原子或离子返回基态时发射出相应的原子谱线或离子谱线,通过对某元素原子谱线或离子谱线的测定,可以对元素进行定性或定量分析。ICP 光源具有 $ng \cdot mL^{-1}$ 级的高检测能力、元素间干扰小、分析含量范围宽、高的精度和重现性等特点,在多元素同时分析上表现出极大的优越性,广泛应用于液体试样(包括经化学处理能转变成溶液的固体试样)中金属元素和部分非金属元素(约 73 种)的定性和定量分析。

## 三、仪器及试剂

(1)仪器:岛津 ICPS-1000 Ⅱ 型顺序式扫描光谱仪或多道固定狭缝式光电直读光谱仪。

(2)试剂:贮备液:溶解1.000 0 g 光谱纯铜于少量 $6 \ mol \cdot L^{-1}$ 的硝酸,移入1 000 mL 容量瓶,用去离子水稀释至刻度,摇匀,含 $Cu^{2+}$ 1.0 $mg \cdot mL^{-1}$;称取光谱纯铁、锌、锰各1.000 0 g,溶于 20 mL $6 \ mol \cdot L^{-1}$ 盐酸,移入1 000 mL 容量瓶,分别用去离子水稀释至刻度,摇匀,分别得到含 $Fe^{2+}$ 1.0 $mg \cdot mL^{-1}$, $Zn^{2+}$ 1.0 $mg \cdot mL^{-1}$, $Mn^{2+}$ 1.0 $mg \cdot mL^{-1}$ 的贮备液。

硝酸(G. R.);盐酸(G. R.);氩气(纯度为99.99%);实验用水为去离子水。

## 四、实验步骤

(1)按表 SY-1 中各元素的浓度配制混合标准溶液。

(2)ICPS-1000 Ⅱ 型顺序式扫描光谱仪工作参数调置如下:

1)分析线波长:Cu 324.754 nm, Mn 257.610 nm, Pb 220.353 nm, Zn 213.856 nm。

表 SY-1　标准溶液的配制　　　　　　　　　　单位:mg・L$^{-1}$

| 标样 | Cu | Pb | Mn | Zn |
|------|------|------|------|------|
| Std1 | 0.000 0 | 0.000 0 | 0.000 0 | 0.000 0 |
| Std2 | 0.500 0 | 0.250 0 | 0.500 0 | 0.500 0 |
| Std3 | 1.000 0 | 1.000 0 | 1.000 0 | 1.000 0 |

2)入射功率:1 kW。

3)氩冷却气流量:14～16 L・min$^{-1}$。

4)氩辅助气流量:0.5～0.8 L・min$^{-1}$。

5)氩载气流量:1.0 L・min$^{-1}$。

6)试液提升量:1.0 mL・min$^{-1}$。

7)光谱观察高度:感应线圈以上 10～15 min。

8)积分时间:15 s。

(3)按照 ICP-AES 光电直读仪的基本操作步骤完成准备工作,开机及点燃 ICP 炬,预燃 30 min。

(4)按定量分析程序,输入分析元素、分析线波长及最佳工作条件等。

(5)喷入标准溶液进行标准化,绘制标准曲线。

(6)喷自来水试样进行样品测定,平行测定五次,记录测定值及精密度。

(7)按照关机程序,退出分析程序、进入主菜单、关蠕动泵、气路、关 ICP 电源及计算机系统,最后关冷却水。

## 五、结果处理

计算自来水样中铜、铁、锌、锰等元素含量,报告实验数据。

## 六、思考题

(1)等离子体焰炬是怎样形成的? ICP 发射光谱有何特点?

(2)测定自来水中铜、铁、锌、锰等元素有何意义?

## 参考文献

[1] 康清蓉,罗财红. ICP-AES 测定饮用水源中的 Cu、Mn、Pb、Cd、Zn[J]. 光谱实验室,2002,19(5):611.

编写人:彭学伟

# 实验 2　碳酸镁中微量杂质的光谱定性分析

## 一、实验目的

(1)了解原子发射光谱定性的分析方法。

(2)学会简单物料的鉴定。

## 二、实验原理

原子发射光谱法是根据处于激发态的待测元素的原子回到基态时发射的特征谱线对待测元素进行分析的方法。各种元素因其原子结构不同而具有不同的光谱,因此,每一种元素的原子激发后,只能辐射出特定波长的光谱线,它代表了元素的特征,这是发射光谱定性分析的依据。

## 三、仪器及试剂

(1)仪器:$WP_1$ 型 1 m 平面光栅摄谱仪;8 W 映谱仪;秒表。

(2)试剂:碳酸镁(C. R.);光谱纯石墨。

## 四、实验步骤

(1)按照仪器条件准备、检查仪器。

(2)取少量的试样(约 0.5 g)加入等量的石墨粉,研磨成细粉状。

(3)将试样装在下电极的小孔中,压紧。另取光谱纯碳粉依上法装入电极(每种两份),依次排在特制的架子上,准备摄谱。

(4)磨光纯铁电极。

(5)在暗室中红灯下,切割适当大小的感光板,乳胶面向下横放在板盒中间,盖好盒盖;抽开挡板,检查感光板胶面、位置是否正确,关上挡板,将板盒装在摄谱仪上,旋转板盒转盘至 20 位置。

(6)取一对废电极装在电极架上,调节电极位置使其正好成像在中间光栏的 5 mm 方孔的上下边缘。手动曝光,调节电阻箱电阻至电流为 5 A。取下废电极,依先上后下的顺序装上盛样品的电极,打开板盒挡板,按表 SY-2 条件摄谱。摄谱完毕,关上板盒,准备显影定影。

(7)在暗室中开红灯,取出感光板,乳胶面向上放入恒温 20±2℃的显影液中,不停地振动显影盘,显影约 4 min,取出感光板,迅速用水冲洗一下,乳胶面向上再放入定影液中定影 5~10 min,取出,用水冲洗 15 min,晾干。

表 SY-2　仪器条件

| 次序 | 哈德曼光栏 | 板盒位置 | 样品 | 曝光时间/s |
|------|-----------|---------|------|-----------|
| 1 | 258 | 20 | 纯铁 | 5 |
| 2 | 3 | 20 | 石墨粉 | 40 |
| 3 | 4 | 20 | 样品 | 40 |
| 4 | 6 | 20 | 石墨粉 | 40 |
| 5 | 7 | 20 | 样品 | 40 |

### 五、结果处理

（1）辨认谱线：辨认谱线一般采用光谱图比较法，即将摄得的样品光谱图和标准光谱图相比较来确定未知谱线。由于每个元素都有很多谱线，对于组成复杂的样品，谱线之间有可能相互干扰造成鉴定错误，因此确认一个元素必须找出该元素的 2～3 条谱线，一一和光谱图进行比较，才能得出最后的结论。

（2）估量杂质含量：光谱分析工作者编写的资料给出了在规定分析条件下元素的某些谱线出现时该元素的含量范围或谱线的灵敏度标志，根据这些资料可对杂质的含量进行估量。如 $WP_1$ 平面光栅光谱仪用的光谱图给出的灵敏度标志分为 10 个等级，每个灵敏度等级对应的杂质元素含量如表 SY-3 所示。

表 SY-3　各灵敏度等级对应的杂质元素含量

| 灵敏度标志 | 谱线刚出现时元素的浓度（质量分数） |
|-----------|-------------------------------|
| 1 | ＞10％ |
| 2 | 3％～10％ |
| 3 | 1％～3％ |
| 4 | 0.3％～1％ |
| 5 | 0.1％～0.3％ |
| 6 | 0.03％～0.1％ |
| 7 | 0.01％～0.03％ |
| 8 | 0.003％～0.01％ |
| 9 | 0.001％～0.003％ |
| 10 | ＜0.001％ |

当一个元素出现灵敏度不同的多条谱线时，应该用能辨认的灵敏度最小的

谱线估量其含量。

（3）碳酸镁及光谱纯石墨粉鉴定结果按表格式记录。

**六、思考题**

（1）原子发射光谱定性分析的依据是什么？

（2）原子发射光谱定性分析方法有哪些？

## 参考文献

[1] 山东大学基础仪器分析实验编写组. 基础仪器分析实验[M]. 济南：山东大学出版社，1991.

编写人：彭学伟

# 实验 3　原子吸收法测定水中钙镁含量

**一、实验目的**

（1）掌握原子吸收分光光度法的基本原理。

（2）了解原子吸收分光光度计的基本结构及其使用方法。

（3）掌握标准加入法和标准曲线法测定自来水中钙、镁的含量。

**二、实验原理**

原子吸收分光光度法是基于物质所产生的气态基态原子对特定谱线（即待测元素的特征谱线）的吸收作用进行定量分析的一种方法。

若使用锐线光源，待测组分为低浓度，在一定的实验条件下，基态原子蒸气对共振线的吸收符合下式：

$$A = KcL$$

式中，$L$ 为原子蒸气吸收层的厚度；$K$ 是与实验条件有关的参数；$c$ 为被测元素浓度。上式表明，在一定实验条件下，吸光度与试样中被测元素浓度成正比。这就是原子吸收光谱法的基本公式。

原子吸收光谱法是一种选择性好、灵敏度高的分析手段，其定量分析方法可用标准加入法或标准曲线法。

标准曲线法是原子吸收光谱法中常用的定量方法，用于未知试液中共存的基体成分较为简单的情况。如果溶液中基体成分较为复杂，为消除或减少基体效应带来的干扰，采用标准加入法。

### 三、仪器及试剂

(1)仪器:原子吸收分光光度计;钙、镁空心阴极灯;烧杯(250 mL);无油空气压缩机或空气钢瓶;乙炔钢瓶;容量瓶(50 mL,100 mL,250 mL);刻度移液管(5 mL,10 mL)。

(2)试剂:金属 Mg(G. R.);$Mg_2CO_3$(G. R.);无水 $CaCO_3$(G. R.);1 mol·$L^{-1}$ HCl;浓 HCl(G. R.)。

1)1 000 $\mu g$·$mL^{-1}$ Ca 标准贮备液:准确称取0.625 0 g 的无水 $CaCO_3$(在110℃下烘干 2 h)于 100 mL 烧杯中,用少量纯水润湿,盖上表面皿,滴加1 mol·$L^{-1}$ HCl 溶液,直至完全溶解,然后把溶液转移到 250 mL 容量瓶中,用水稀释至刻度,摇匀备用。

2)100 $\mu g$·$mL^{-1}$ Ca 标准工作溶液:准确吸取 10.00 mL 上述钙标准贮备液于 100 mL 容量瓶中,用水稀释至刻度,摇匀备用。

3)1 000 $\mu g$·$mL^{-1}$ Mg 标准贮备液:准确称取 0.250 0 g 金属 Mg 于 100 mL 烧杯中,盖上表面皿,加 5 mL 1 mol·$L^{-1}$ HCl 溶液溶解,然后把溶液转移到 250 mL 容量瓶中,用水稀释至刻度,摇匀备用。

4)10 $\mu g$·$mL^{-1}$ Mg 标准工作溶液:准确吸取 1.00 mL 上述 Mg 标准贮备液于 100 mL 容量瓶中,用水稀释至刻度,摇匀备用。

### 四、实验步骤

(1)标准加入法 Ca 标准溶液配制:在 5 只 50 mL 容量瓶中,各加入 5.00 mL 自来水,然后依次加入 0.00,1.00,2.00,3.00 和 4.00 mL Ca 的标准工作溶液,用蒸馏水稀释至刻度,摇匀备用。

(2)Mg 标准溶液、样品溶液的配制:准确吸取 1.00,2.00,3.00,4.00,5.00 mL 上述 Mg 标准工作溶液,分别置于 5 只 50 mL 容量瓶中,用水稀释至刻度,摇匀备用。

(3)配制自来水样溶液:准确吸取适量(视 Mg 浓度而定)自来水置于 50 mL 容量瓶中,用水稀释至刻度,摇匀备用。

(4)根据实验条件,将原子吸收分光光度计按仪器操作步骤进行调节,待仪器电路和气路系统达到稳定,即可测定以上各溶液的吸光度。

### 五、结果处理

(1)记录实验条件:仪器型号、吸收线波长(nm)、空心阴极灯电流(mA)、光谱通带或光谱带宽(nm)、乙炔流量(L·$min^{-1}$)、空气流量(L·$min^{-1}$)、燃助比。

(2)列表记录测量 Ca,Mg 标准系列溶液的吸光度,然后以吸光度为纵坐标,分别以 Ca,Mg 加入浓度为横坐标绘制 Ca 的标准曲线和 Mg 的标准曲线。

（3）根据自来水样的吸光度，在上述标准曲线上查得水样中 Mg 的浓度 $(g \cdot L^{-1})$。若经稀释须乘上稀释倍数求得原始自来水中 Mg 含量。

（4）延长 Ca 工作曲线与浓度轴相交，交点为 $c_x$，根据 $c_x$ 换算为自来水中 Ca 的含量。

### 六、思考题

（1）原子吸收光谱的理论依据是什么？

（2）原子吸收分光光度分析为何要用待测元素的空心阴极灯做光源？能否用氢灯或钨灯代替，为什么？

（3）如何选择最佳的实验条件？

### 参考文献

［1］方惠群，于俊生，史坚. 仪器分析［M］. 北京：科学出版社，2002.

［2］华中师范大学，陕西师范大学，东北师范大学. 分析化学（下册）［M］. 北京：高等教育出版社，2001.

［3］朱明华. 仪器分析［M］. 4 版. 北京：高等教育出版社，2008.

［4］杨万龙，李文友. 仪器分析实验［M］. 北京：科学出版社，2008.

［5］赵文宽，张悟铭，王长发，等. 仪器分析实验［M］. 北京：高等教育出版社，1997.

编写人：刘雪静

验证人：裴　娜

# 实验 4　火焰原子吸收法测定水中的镉

## 一、实验目的

（1）掌握火焰原子吸收光谱仪的操作技术。

（2）优化火焰原子吸收光谱法测定水中镉的分析火焰条件。

（3）熟悉火焰原子吸收光谱法的应用。

## 二、实验原理

原子吸收光谱法是基于基态原子蒸气对待测元素共振辐射线的吸收进行定量分析的方法。为了能够测定吸收值，试样需要转变成一种在适合的介质中存在的自由原子。化学火焰是产生基态气态原子的方便方法,待测试样溶解后以气溶胶的形式进入火焰中,产生的基态原子吸收适当光源发出的辐射后被测定。原子吸收光谱中一般采用空心阴极灯这种锐线光源。这种方法快速、选择性好、灵敏度高且有着较好的精密度。

在原子吸收光谱中,不同类型的干扰将严重影响测定方法的准确性。干扰一般分为三种:物理干扰、化学干扰和光谱干扰。物理和化学干扰改变火焰中原子的数量,而光谱干扰则影响原子吸收信号的准确性。干扰可以通过选择适当的实验条件和对试样进行预处理来减少或消除。所以,应从火焰温度和组成两方面作慎重选择。

### 三、仪器及试剂

(1)仪器:原子吸收分光光度计;镉空心阴极灯;烧杯(250 mL);无油空气压缩机或空气钢瓶;乙炔钢瓶;容量瓶(50 mL,100 mL,500 mL);刻度移液管(5 mL,10 mL)。

(2)试剂:

镉标准贮备液(1 000 $\mu g \cdot mL^{-1}$):准确称取0.500 0 g光谱纯金属镉于100 mL烧杯中,加入10 mL 1:1 HCl溶液溶解之,转移至500 mL容量瓶中,用1:100 HCl溶液稀释至刻度,摇匀备用。

镉标准使用液(10 $\mu g \cdot mL^{-1}$):准确吸取1 mL上述镉标准贮备液于100 mL容量瓶中,然后用1:100 HCl溶液稀释到刻度,摇匀备用。

分别取一定量镉标准使用液于5只50 mL容量瓶中,用水稀释至刻度,配成浓度分别为0.50,1.00,1.50,2.00,2.50 $\mu g \cdot mL^{-1}$的$Cd^{2+}$标准溶液,摇匀备用。

### 四、实验步骤

预先调整好狭缝的宽度和空心阴极灯的位置,在波长为228.8 nm处测定标准溶液的吸收。当吸入0.5 $\mu g \cdot mL^{-1}$标准溶液时,调整波长为228.8 nm,调整到最大吸收。

(1)火焰的选择:火焰组成对Cd测定灵敏度有影响。在空气-乙炔火焰中,小幅调节乙炔的流速,测定0.500 $\mu g \cdot mL^{-1}$的$Cd^{2+}$标准溶液,每次读数前用两次蒸馏水重新调零,以吸光度对流速作图,选择并确定乙炔流速。

(2)观察高度的影响:在选定的合适流速下,测定0.500 $\mu g \cdot mL^{-1}$的$Cd^{2+}$标准溶液,小幅调节火焰高度,每次读数前用两次蒸馏水重新调零,以燃烧器上方观察高度对吸光度作图,选择并确定观察高度。

(3)标准曲线:选择最佳的流速和燃烧高度,用两次蒸馏水调吸光度为零,然后由稀到浓依次测定镉标准溶液的吸光度值。每个溶液平行测定三次。在开始测定前,用两次蒸馏水调零。

(4)水样的测定:准确吸取一定体积的水样(根据水样中 $Cd^{2+}$ 含量高低进行适当稀释),按同样条件测定吸光度值。做平行样 3 份。

### 五、结果处理

(1)记录实验条件:仪器型号、吸收线波长(nm)、空心阴极灯电流(mA)、光谱通带或光谱带宽(nm)、乙炔流量(L·min$^{-1}$)、空气流量(L·min$^{-1}$)、燃助比。

(2)标准曲线:绘制标准曲线,根据水样的吸光度,在标准曲线上查得水样中 $Cd^{2+}$ 的浓度($\mu g·mL^{-1}$),计算原始试样中 $Cd^{2+}$ 的含量。

### 六、思考题

(1)当使用雾化器时,经常使用稀硝酸作为溶剂,为什么硝酸是个较好的选择?(提示:硝酸盐的性质是什么?)

(2)火焰原子吸收光谱法具有哪些特点?

**参考文献**

[1] 方惠群,于俊生,史坚. 仪器分析[M]. 北京:科学出版社,2002.

[2] 华中师范大学,陕西师范大学,东北师范大学. 分析化学(下册)[M]. 北京:高等教育出版社,2001.

[3] 朱明华. 仪器分析[M]. 4 版. 北京:高等教育出版社,2008.

[4] 杨万龙,李文友. 仪器分析实验[M]. 北京:科学出版社,2008.

编写人:刘雪静

验证人:裴　娜

## 实验 5　原子荧光光谱法测定水样中痕量汞的含量

### 一、实验目的

1. 掌握原子荧光光谱法的基本原理。

2. 了解原子荧光分光光度计的基本结构及其使用方法。

### 二、实验原理

汞是一种重要的环境污染物,对环境及人体健康的危害非常严重,因此,对于汞的测定具有重要的意义。汞与硼氰化钾作用生成相应的金属氢化物,被氩气带入石英炉原子化器中,产生基态的汞原子,吸收光源提供的特征共振辐射后,汞原子被激发至高能态,处于高能态的汞原子不稳定,在去激发的过程中以光辐射的形式释放多余的能量,这就是原子荧光。在一定的实验条件下,荧光强度与汞的含量成线性关系,据此可以测定汞的含量。

　　本实验使用 PF6-1 型原子荧光分光光度计对水样中痕量汞的含量进行测定,该仪器的工作原理如下图所示。蠕动泵以恒定的流量输送的还原剂(硼氰化钾)与注射泵输送的样品溶液在混合反应块中混合,在氩气的推动下进入汽液分离器,生成的氢化物气体(或原子蒸汽)进入原子化器。在高温作用下,氢化物气体分解为原子蒸汽,其吸收能量后受到激发,受激原子在去激发的过程中发射出一定波长的原子荧光,由检测器检测光强度。在实验条件确定的情况下,荧光强度与待测元素的浓度具有正比关系。

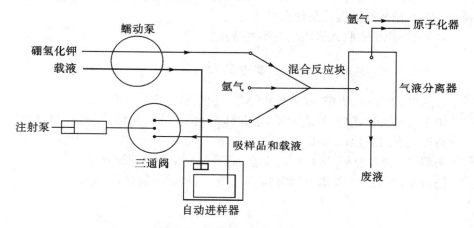

**PF6-1 型原子荧光分光光度计的原理图**

### 三、仪器和试剂

　　(1)仪器:PF6-1 型原子荧光分光光度计;高强度汞空心阴极灯;台秤;棕色容量瓶(25 mL);刻度吸量管;烧杯;量筒(10 mL、500 mL)。

　　(2)试剂:高纯氩气;盐酸(优级纯);氢氧化钾(优级纯);硼氰化钾(优级纯);硝酸汞(分析纯);高纯水;含汞水样。

### 四、实验步骤

1.溶液的配制

(1)载液(2%盐酸溶液):量取 10 mL 浓盐酸,用高纯水稀释至 500 mL。

(2)汞标准储备液(1 mg·mL$^{-1}$硝酸汞溶液):准确称取硝酸汞[$Hg(NO_3)_2$

·H<sub>2</sub>O]1.707 9 g,置于烧杯中,加入 10 mL 硝酸溶液(1+1),加少量水溶解,定量转移至 1 000 mL 容量瓶中,用高纯水稀释至刻度,摇匀。

(3)汞标准溶液($1 ng \cdot mL^{-1}$硝酸汞溶液):将 $1 mg \cdot mL^{-1}$硝酸汞溶液逐次稀释至 $1 ng \cdot mL^{-1}$。在 $1 ng \cdot mL^{-1}$硝酸汞溶液的基础上再进行稀释,得到浓度分别为 $0 ng \cdot mL^{-1}$、$0.2 ng \cdot mL^{-1}$、$0.4 ng \cdot mL^{-1}$、$0.6 ng \cdot mL^{-1}$、$0.8 ng \cdot mL^{-1}$、$1.0 ng \cdot mL^{-1}$的系列硝酸汞标准溶液,该过程由仪器自动完成。

(4)水样的预处理:移取 0.25 mL 待测含汞水样,置于 25 mL 棕色容量瓶中,加高纯水稀释至刻度,摇匀。

(5)还原剂(0.5%氢氧化钾及 0.2%硼氰化钾混合溶液):粗略称取 2.5 g 氢氧化钾及 1.0 g 硼氰化钾,置于 1000 mL 烧杯中,加入 500 mL 高纯水,搅拌至完全溶解。

2.开机

(1)将配好的载液和还原剂分别装入储液瓶中,将配制好的 $1 ng \cdot mL^{-1}$硝酸汞标准溶液倒入标样杯中,在进样杯中加入载液,调整好自动进样器上进样针的位置。

(2)打开灯室盖,将待测元素的空心阴极灯插入灯座。

(3)检查各管路连接是否紧密,有无漏气漏液的现象。

(4)依次打开氩气钢瓶的主阀和减压阀,调节减压阀至输出压力为 0.2 MPa ~0.3 MPa。

(5)依次打开电脑和仪器的开关。

3.测量

(1)双击"PFwin"图标,进入工作站控制界面,仪器进行初始化。

(2)将调光器放在石英炉原子化器上,调节灯的位置,使光斑对准调光器侧面十字交叉点。

(3)点击"仪器控制"图标,依次对原子化器温度、灯电流、载气流量等参数进行设置。

(4)点击"参数设置",将"进样方式"设为"自动",并对杯位进行设置。点击"标样浓度",输入标准样品浓度($0 ng \cdot mL^{-1}$、$0.2 ng \cdot mL^{-1}$、$0.4 ng \cdot mL^{-1}$、$0.6 ng \cdot mL^{-1}$、$0.8 ng \cdot mL^{-1}$、$1.0 ng \cdot mL^{-1}$)。点击"样品设置",输入样品信息。点击菜单栏中"点火"图标。

(5)压紧蠕动泵管卡,点击菜单栏中"测量"图标,仪器自动进样并进行数据采集。

4.关机

(1)将还原剂和载液管路及自动进样针放入高纯水中,点击菜单栏中"清洗"

图标,清洗泵管及进样系统 3 次以上。

(2)退出仪器工作站,关闭仪器及电脑。关闭氩气钢瓶主阀,待减压阀压力示数为零,关闭减压阀。

(3)松开蠕动泵管卡,清理仪器及实验台,盖好仪器防尘罩,填写仪器使用记录。

### 五、结果处理

1.将实验测得的数据填入下表

| $c_{Hg}/(ng \cdot mL^{-1})$ | 0 | 0.2 | 0.4 | 0.6 | 0.8 | 1.0 | $x$ |
|---|---|---|---|---|---|---|---|
| $I_f$ | | | | | | | |

2.绘制 $I_f - c$ 标准曲线,用内插法求算出样品中汞的含量。

### 六、思考题

1.原子荧光光谱法与原子吸收光谱法在测定原理和仪器结构上有什么区别?

2.还原剂溶液的浓度是否需要准确?

3.本实验的主要干扰是什么? 如何克服其干扰?

### 参考文献

[1] 黄志勇,黄智陶,张强,庄峙厦.原子荧光光谱法测定环境水及土壤样品中的汞形态含量[J].光谱学与光谱分析,2007,27(11):2361-2365.

[2] 张世仙,魏士倩,余永华.双通道原子荧光光谱法测定蔬菜中的砷和汞[J].中国无机分析化学,2015,5(1):4-6.

编写人:李爱峰

验证人:李爱峰

# 实验 6   邻二氮菲分光光度法测定铁

### 一、实验目的

(1)学会如何选择光度分析的实验条件。

(2)掌握光度法测定铁的基本原理和方法。

(3)了解分光光度计的性能、结构及其使用方法。

## 二、实验原理

铁的分光光度法所用的显色剂较多,其中邻二氮菲是测定铁的灵敏度较高的显色剂。在 pH＝2～9 的溶液中,$Fe^{2+}$ 与邻二氮菲(phen)生成稳定的橘红色配合物 $Fe(phen)_3^{2+}$:

配合物的最大吸收波长在 508 nm,其 $\varepsilon_{508}=1.1\times10^4$ L·$mol^{-1}$·$cm^{-1}$。当铁为＋3 价时可用盐酸羟胺还原。

$Cu^{2+}$,$Co^{2+}$,$Ni^{2+}$,$Cd^{2+}$,$Hg^{2+}$,$Mn^{2+}$,$Zn^{2+}$ 等离子也能与 phen 生成稳定的配合物,在少量情况下不影响 $Fe^{2+}$ 的测定,量大时可用 EDTA 掩蔽或预先分离。

显色反应的完全程度取决于介质的酸度、显色剂的用量、反应的温度和时间等因素。在建立分析方法时,需要通过实验确定最佳反应条件。为此,可改变其中一个因素(例如介质的 pH 值),暂时固定其他因素,显色后测量相应溶液的吸光度,然后通过吸光度-pH 曲线确定显色反应的适宜酸度范围和适宜值。其他几个影响因素的适宜范围也按照同样的方法确定。

## 三、仪器及试剂

(1)仪器:分光光度计、酸度计。

(2)试剂:

1)铁标准溶液:准确称取 0.215 8 g 分析纯硫酸铁铵($NH_4Fe(SO_4)_2$·$12H_2O$)于小烧杯中,加水溶解,加入 5 mL 6 mol·$L^{-1}$ HCl 溶液,定量转移至 250 mL 容量瓶中稀释至刻度,摇匀,此溶液含铁 100 $\mu g$·$mL^{-1}$(储备液)。

取铁的储备液 25.00 mL 于 250 mL 容量瓶中,加入 5 mL 6 mol·$L^{-1}$盐酸,用水稀释到刻度,摇匀,此溶液含铁 10 $\mu g$·$mL^{-1}$(操作液)。

2)邻二氮菲水溶液(0.15％):称取 1.5 g 邻二氮菲,先用 5～10 mL 95％乙醇溶解,再用蒸馏水稀释到 1 000 mL。

3)盐酸羟胺水溶液:10％(用时配制)。

4)NaAc 溶液:1 mol·$L^{-1}$。

5)NaOH 溶液:1 mol·L$^{-1}$。

6)HCl 溶液:6 mol·L$^{-1}$。

### 四、实验步骤

1. 条件实验

(1)吸收曲线的制作和测量波长的选择:用刻度移液管分别吸取 100 μg·mL$^{-1}$ 铁标准溶液 0.00,1.00 mL 于两个容量瓶中,各加 1.0 mL 盐酸羟胺溶液,混匀后放置 1 min,加入 2.0 mL 邻二氮菲溶液和 5.0 mL 醋酸钠溶液,用蒸馏水稀释至刻度,摇匀。放置 10 min,用 1 cm 比色皿,以试剂空白溶液(可用蒸馏水代替)为参比溶液,在波长 420~600 nm 之间,每隔 5 nm 测定一次上述溶液的吸光度。以波长 λ 为横坐标、吸光度 A 为纵坐标绘制吸收曲线,从吸收曲线上选择测定铁的适宜波长,一般选用最大吸收波长 λ$_{max}$。

(2)溶液酸度的选择:于 8 只 50 mL 容量瓶中,用刻度移液管各加入 1.0 mL 100 μg·mL$^{-1}$的铁标准溶液,再加入 1.0 mL 盐酸羟胺溶液和 2.0 mL 邻二氮菲溶液,摇匀。然后分别加入 NaOH 溶液 0.0,0.2,0.5,1.0,1.5,2.0,2.5,3.0 mL,用蒸馏水稀释至刻度,摇匀。放置 10 min,以蒸馏水作参比,在选择的波长下,用 1 cm 比色皿,分别测定各溶液的吸光度,同时,用精密 pH 试纸或酸度计测定各溶液的 pH 值。以 pH 为横坐标、吸光度 A 为纵坐标绘制 A-pH 曲线,找出测定铁的适宜 pH。

(3)显色剂用量的影响:取 8 个 50 mL 容量瓶,依次加入 1.00 mL 100 μg·mL$^{-1}$的铁标准溶液,1.0 mL 盐酸羟胺溶液,摇匀。然后分别加入邻二氮菲溶液 0.1,0.3,0.5,0.8,1.0,1.5,2.0,4.0 和 5.0 mL NaAc 溶液,用蒸馏水稀释至刻度,摇匀。放置 10 min 后,用 1 cm 比色皿,以蒸馏水作参比,在选好的波长下测定各溶液的吸光度。以邻二氮菲用量为横坐标、吸光度 A 为纵坐标绘制 A 与邻二氮菲用量的关系曲线,找出最佳用量。

(4)显色反应时间的影响:在一个 50 mL 容量瓶中,加入 1.00 mL 100 μg·mL$^{-1}$的铁标准溶液和 1.0 mL 盐酸羟胺溶液,摇匀。再加入 2.0 mL 邻二氮菲溶液和 5.0 mL NaAc 溶液,用蒸馏水稀释至刻度,摇匀,立即用 1 cm 比色皿,以蒸馏水为参比溶液,在选定的波长下测量溶液的吸光度。然后依次测量放置 5,10,30,60,90,120,150 min 的吸光度,每次测完将溶液倒回原瓶,下一时刻再取原瓶中的溶液测量。以时间 t 为横坐标、吸光度 A 为纵坐标绘制 A 与 t 的关系曲线,找出铁与邻二氮菲显色反应完全所需要的适宜时间。

2. 铁含量的测定

(1)标准曲线的制作:取 6 个 50 mL 容量瓶,依次加入 10 μg·mL$^{-1}$的铁标准溶液 0.00,2.00,4.00,6.00,8.00,10.00 mL,分别加入 1.0 mL 盐酸羟胺溶液,摇匀,放置 1 min。再分别加入邻二氮菲溶液 2.0 mL 和 5.0 mL NaAc 溶液,用蒸馏水稀释至刻度,摇匀。放置 10 min 后,用 1 cm 比色皿,以蒸馏水作参比,在选好的波长下测定各溶液的吸光度。以铁的含量为横坐标、吸光度 A 为纵坐标绘制标准曲线。

(2)试样中铁含量的测定:准确移取适量试液于 50 mL 容量瓶中,按标准曲线的制作步骤加入各试剂,然后测量吸光度。从标准曲线上查出并计算试样中铁的含量。

### 五、结果处理

(1)根据实验数据分别绘制吸收曲线、吸光度-pH 曲线、吸光度-显色剂用量曲线、吸光度-显色反应时间曲线,并确定配合物的最大吸收波长、显色反应适宜的 pH 值范围、显色剂用量范围和适宜的显色时间范围。

(2)绘制标准曲线,并计算出试样中铁的含量。

### 六、思考题

(1)制作标准曲线和进行其他条件实验时,能否任意改变加入各种试剂的顺序? 为什么?

(2)吸收曲线与标准曲线有何区别? 各有何实际意义?

(3)如果试液测得的吸光度不在标准曲线的线性范围内怎么办?

(4)本实验中盐酸羟胺、醋酸钠的作用各是什么?

### 参考文献

[1] 武汉大学. 分析化学实验[M]. 4 版. 北京:高等教育出版社,2001.

[2] 苏克曼,张济新. 仪器分析实验[M]. 2 版. 北京:高等教育出版社,2005.

编写人:张淑芳

验证人:宋春霞

# 实验 7　分光光度法测定邻二氮菲-铁(Ⅱ)配合物的组成

## 一、实验目的

(1)掌握光度法测定配合物组成的原理和方法。

（2）利用饱和法测定邻二氮菲-铁（Ⅱ）配合物的组成。

## 二、实验原理

配合物组成的确定是研究配位反应平衡的基本问题之一，金属离子 M 和配位体 L 形成配合物的反应为

$$M + nL \Longrightarrow ML_n$$

式中，$n$ 为配合物的配位数，可用摩尔比法（饱和法）进行测定，即配制一系列溶液，各溶液中的金属离子浓度、酸度、温度等条件恒定，只改变配位体的浓度，在配合物的最大吸收波长处测定各溶液的吸光度，以吸光度对摩尔比 $C_L/C_M$ 作图，如图 SY-1 所示。将曲线的线性部分延长相交于一点，该点对应的 $C_L/C_M$ 值为配位数 $n$。摩尔比法适用于稳定性较强的配合物组成的测定。

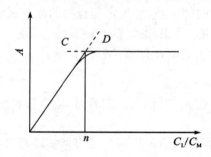

**图 SY-1　摩尔比法测定配合物组成**

## 三、仪器及试剂

（1）仪器：分光光度计；50 mL 容量瓶 9 个；刻度移液管（1 mL，5 mL，10 mL）等。

（2）试剂：$1.0 \times 10^{-3}$ mol·$L^{-1}$ 铁（Ⅲ）标准溶液；100 g·$L^{-1}$ 盐酸羟胺溶液；$1.0 \times 10^{-3}$ mol·$L^{-1}$ 邻二氮菲水溶液；1.0 mol·$L^{-1}$ 乙酸钠溶液。

## 四、实验步骤

取 9 只 50 mL 容量瓶，各加入铁标准溶液 1.00 mL 和盐酸羟胺溶液 1.0 mL，摇匀，放置 2 min。依次加入邻二氮菲溶液 1.0，1.5，2.0，2.5，3.0，3.5，4.0，4.5，5.0 mL，然后各加入醋酸钠溶液 5.0 mL，以水稀释至刻度，摇匀。在 510 nm 处，用 1 cm 吸收池，以水为参比，测定各溶液的吸光度 $A$。

## 五、结果处理

根据实验数据绘制 $A$-$C_L/C_M$ 关系曲线，并求出配位数。

**六、思考题**

(1)在什么条件下,才可以使用摩尔比法测定配合物的组成?

(2)在此实验中为什么可以用蒸馏水为参比,而不必用试剂空白溶液为参比?

## 参考文献

[1] 华中师范大学,东北师范大学,陕西师范大学,北京师范大学. 分析化学实验[M].3 版. 北京:高等教育出版社,2001.

编写人:张淑芳

验证人:宋春霞

# 实验 8　食品中 $NO_2^-$ 含量的测定

**一、实验目的**

学习光度法测定亚硝酸根的原理及方法。

**二、实验原理**

亚硝酸盐作为一种食品添加剂,能够使肉与肉制品呈现良好的色泽,并具有一定的防腐性。但亚硝酸盐与仲胺反应可生成具有致癌作用的亚硝胺,过量食用会对人体产生危害。因此,食品加工中需严格控制亚硝酸盐的加入量。

在弱酸性溶液中亚硝酸盐与对氨基苯磺酸重氮化后,生成的重氮化合物与盐酸萘乙二胺偶联成紫红色的偶氮染料,其最大吸收波长在 540 nm,可用于分光光度法测定 $NO_2^-$ 含量。有关反应如下:

### 三、仪器及试剂

(1)仪器:分光光度计;小型多用食品粉碎机。

(2)试剂:

1)饱和硼砂溶液:称取 25 g 硼砂($Na_2B_4O_7 \cdot 10H_2O$)溶于 500 mL 热水中。

2)1.0 mol · $L^{-1}$硫酸锌溶液:称取 150 g $ZnSO_4 \cdot 7H_2O$ 溶于 500 mL 水中。

3)150 g · $L^{-1}$亚铁氰化钾水溶液。

4)4 g · $L^{-1}$对氨基苯磺酸溶液:称取 0.4 g 对氨基苯磺酸溶于 200 g · $L^{-1}$ 盐酸中配成 100 mL 溶液,避光保存。

5)2 g · $L^{-1}$盐酸萘乙二胺溶液:称取 0.2 g 盐酸萘乙二胺溶于 100 mL 水中,避光保存。

6)$NaNO_2$ 标准溶液:准确称取 0.100 0 g 干燥的分析纯 $NaNO_2$,用水溶解后定量转入 500 mL 容量瓶中,加水稀释至刻度并摇匀,此溶液为储备液(浓度为 0.2 g · $L^{-1}$)。临用时准确移取上述贮备液 5.00 mL 于 100 mL 容量瓶中,加水稀释至刻度,摇匀,作为操作液(浓度为 10 $\mu$g · $mL^{-1}$)。

7)活性炭。

### 四、实验步骤

1.试样预处理

(1)肉制品(如香肠):称取 5 g 经绞碎均匀的试样置于 50 mL 烧杯中,加入硼砂饱和溶液 12.5 mL 搅拌均匀,然后用 150~200 mL 70℃以上的热水将烧杯中的试样全部洗入 250 mL 容量瓶中,并置于沸水浴中加热 15 min(亚硝酸盐容易氧化为硝酸盐,处理试样时加热的时间和温度均要注意控制,另外配制的标准贮备液不宜久存),取出。在轻轻摇动下滴加 2.5 mL $ZnSO_4$ 溶液以沉淀蛋白质。冷却到室温后,加水稀释到刻度,摇匀。放置 10 min 后,弃去上层脂肪,清液用滤纸或脱脂棉过滤,弃去最初的 10 mL 滤液,测定用滤液应为无色透明。

(2)水果、蔬菜:将试样切成小块,混匀后称取 200 g 置于食品粉碎机内,加水 200 mL,捣碎成匀浆后全部转入 500 mL 烧杯中备用。称取匀浆 40 g 于 500 mL 烧杯中,用 150 mL 70℃以上的热水分 4~5 次将其全部洗入 250 mL 容量瓶中,加入 6 mL 饱和硼砂溶液并摇匀。再加入 2 g 经处理的活性炭,摇匀。然后加入 2 mL $ZnSO_4$ 溶液和 2 mL 亚铁氰化钾溶液,振摇 3~5 min,再加水稀释至刻度,摇匀后用滤纸过滤,弃去最初的 10 mL 滤液,承接其后滤液 50 mL 左右用于测定。

2.标准曲线的绘制

准确移取 $NaNO_2$ 操作液（10 $\mu g \cdot mL^{-1}$）0.00，0.40，0.80，1.20，1.60，2.00 mL 分别置于 50 mL 容量瓶中，各加水 30 mL，然后分别加入 2 mL 对氨基苯磺酸溶液，摇匀。静置 3 min 后，再分别加入盐酸萘乙二胺溶液 1 mL，加水稀释至刻度，摇匀。放置 15 min。用 2 cm 吸收池，以试剂空白为参比，于波长 540 nm 处测定各溶液的吸光度，以溶液的加入量为横坐标，以相应的吸光度为纵坐标，绘制标准曲线。

3. 试样的测定

准确移取经过处理的试样滤液 40.00 mL 于 50 mL 容量瓶中，以下按标准曲线的绘制操作，根据测得的吸光度，从标准曲线上查出相应的 $NaNO_2$ 的质量。最后计算试样中 $NaNO_2$ 的质量分数（以 $mg \cdot kg^{-1}$ 表示）。

**五、结果处理**

根据实验数据绘制标准曲线，并计算出试样中 $NaNO_2$ 的质量分数（以 $mg \cdot kg^{-1}$ 表示）。

**六、思考题**

(1) 亚硝酸盐作为一种食品添加剂，具有哪些特点？你能否找到一种优于亚硝酸盐的替代品？

(2) 承接滤液时，为什么要弃去最初的 10 mL 滤液？

## 参考文献

[1] 华中师范大学，东北师范大学，陕西师范大学，北京师范大学. 分析化学实验[M]. 3 版. 北京：高等教育出版社，2001.

编写人：张淑芳

验证人：宋春霞

# 实验 9　混合物中铬、锰含量的同时测定

**一、实验目的**

学习用光度法测定混合物组分的原理及方法。

**二、实验原理**

在多组分体系中，如果它们的吸收曲线互相重叠，两组分彼此相互干扰，在

进行分光光度法测定时,可根据吸光度加和性原理,通过求解方程组来分别求出各未知组分的含量。图 SY-2 是在 $H_2SO_4$ 溶液中 $Cr_2O_7^{2-}$ 和 $MnO_4^-$ 的吸收曲线,其最大吸收波长分别为 440 nm 和 545 nm,如使用 1 cm 比色皿,则可由下列方程式求出两组分的含量:

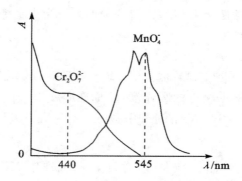

图 SY-2　$Cr_2O_7^{2-}$ 和 $MnO_4^-$ 溶液的吸收曲线

$$A_{440} = A_{440}^{Cr} + A_{440}^{Mn} = \varepsilon_{440}^{Cr} c_{Cr} + \varepsilon_{440}^{Mn} c_{Mn} \tag{1}$$

$$A_{545} = A_{545}^{Cr} + A_{545}^{Mn} = \varepsilon_{545}^{Cr} c_{Cr} + \varepsilon_{545}^{Mn} c_{Mn} \tag{2}$$

式中,$\varepsilon_{440}^{Cr}$,$\varepsilon_{440}^{Mn}$,$\varepsilon_{545}^{Cr}$ 和 $\varepsilon_{545}^{Mn}$ 分别为 $Cr_2O_7^{2-}$ 和 $MnO_4^-$ 在 440 nm 和 545 nm 处的摩尔吸光系数,可通过测定标准 $Cr_2O_7^{2-}$ 溶液和标准 $MnO_4^-$ 溶液分别在 440 nm 和 545 nm 处的吸光度计算获得。$A_{440}$ 和 $A_{545}$ 分别是 $Cr_2O_7^{2-}$ 和 $MnO_4^-$ 混合组分在两波长下的总吸光度。

本实验以 $AgNO_3$ 为催化剂,在 $H_2SO_4$ 介质中,加入过量 $(NH_4)_2S_2O_8$ 氧化剂,将混合溶液中的 $Cr^{3+}$ 和 $Mn^{2+}$ 氧化成 $Cr_2O_7^{2-}$ 和 $MnO_4^-$,在波长 440 nm 和 545 nm 处测量其混合溶液吸光度 $A_{440}$ 和 $A_{545}$,解上述联立方程即可求出 $c_{Cr}$ 和 $c_{Mn}$。

### 三、仪器及试剂

(1)仪器:分光光度计。

(2)试剂:

1)1.0 mg·mL$^{-1}$ 铬标准溶液:准确称取 3.734 g 分析纯铬酸钾(预先在 105℃～110℃烘烧 1 h)。溶于适量水中,定量转移至 1 L 容量瓶中,用水稀释至刻度,摇匀。

2)1.0 mg·mL$^{-1}$ 锰标准溶液:准确称取 2.749 g 分析纯硫酸锰(预先在 400℃～500℃烘烧)。溶于适量水中,定量转移至 1 L 容量瓶中,用水稀释至刻度,摇匀。

　　3）$H_2SO_4$-$H_3PO_4$ 混合酸：$H_2SO_4$：$H_3PO_4$：$H_2O$＝15：15：70。

　　4）0.5 mol·$L^{-1}$ $AgNO_3$ 溶液。

　　5）150 g·$L^{-1}$ $(NH_4)_2S_2O_8$ 溶液（用时现配）。

### 四、实验步骤

1. $Cr_2O_7^{2-}$ 和 $MnO_4^-$ 标准溶液吸收曲线的绘制

　　在两个 200 mL 小烧杯中分别加入 5.00 mL $Mn^{2+}$ 和 1.00 mL $Cr^{3+}$ 标准溶液，然后各加水 30 mL，$H_2SO_4$-$H_3PO_4$ 混合酸 10 mL，$(NH_4)_2S_2O_8$ 2 mL，$AgNO_3$ 溶液 10 滴，沸水浴中加热，保持微沸 3 min 左右。待溶液颜色稳定后，冷却，转入 100 mL 容量瓶，以水稀释到刻度，摇匀。用 1 cm 比色皿，以蒸馏水为参比，在 420～560 nm 范围内，每间隔 10 nm 测定一次溶液的吸光度（在吸收峰附近可间隔 5 nm），分别绘制 $Cr_2O_7^{2-}$ 和 $MnO_4^-$ 的吸收曲线，确定各自的最大吸收波长。

2. 样品中 $Cr^{3+}$ 和 $Mn^{2+}$ 含量的同时测定

　　在一个 200 mL 小烧杯中加入 1.00 mL 试样溶液，然后各加水 30 mL，$H_2SO_4$-$H_3PO_4$ 混合酸 10 mL，$(NH_4)_2S_2O_8$ 2 mL，$AgNO_3$ 溶液 10 滴，沸水浴中加热，保持微沸 3 min 左右。待溶液颜色稳定后，冷却，转入 100 mL 容量瓶，以水稀释到刻度，摇匀。用 1 cm 比色皿，以蒸馏水为参比，分别测定在 440 nm 和 545 nm 处的吸光度 $A_{440}$ 和 $A_{545}$。

### 五、结果处理

　　(1)从两吸收曲线上查出最大吸收波长 440 nm 和 545 nm 处的吸光度值，$A_{440}^{Cr}$，$A_{440}^{Mn}$，$A_{545}^{Cr}$ 和 $A_{545}^{Mn}$，根据 $Mn^{2+}$ 和 $Cr^{3+}$ 的浓度，由 $A＝\varepsilon bc$ 式计算出 $\varepsilon_{440}^{Cr}$，$\varepsilon_{440}^{Mn}$，$\varepsilon_{545}^{Cr}$ 和 $\varepsilon_{545}^{Mn}$。

　　(2)将 $\varepsilon_{440}^{Cr}$，$\varepsilon_{440}^{Mn}$，$\varepsilon_{545}^{Cr}$ 和 $\varepsilon_{545}^{Mn}$ 和测定的 $A_{440}$ 和 $A_{545}$ 代入(1)和(2)式，求出试液中 $Mn^{2+}$ 和 $Cr^{3+}$ 的浓度。

### 六、思考题

　　(1)同时测定两组分混合液时如何选择测定波长？

　　(2)如果同时测定三组分怎么办？

　　(3)用此方法测定混合组分含量存在什么问题？

### 参考文献

[1] 华中师范大学,东北师范大学,陕西师范大学,北京师范大学. 分析化学实验[M]. 3 版. 北京:高等教育出版社,2001.

[2] 张剑荣,戚苓,方惠群. 仪器分析实验[M]. 北京:科学出版社,1999.

编写人:张淑芳

验证人:宋春霞

# 实验 10　铬天青 S 分光光度法测定微量铝

## 一、实验目的

(1)掌握比较二元配合物与三元配合物光吸收性质的方法。

(2)了解三元配合物在光度分析中的应用。

## 二、实验原理

光度法测定铝的显色剂较多,其中以铬天青 S 为最佳。铬天青 S 简写为 CAS,是一种酸性染料,其结构式为

$Al^{3+}$ 和铬天青 S 在弱酸性溶液中生成红色的二元配合物,最大吸收波长为 545 nm,摩尔吸光系数 $\varepsilon = 4 \times 10^4$ L·mol$^{-1}$·cm$^{-1}$。已经发现,许多表面活性剂均可与 $Al^{3+}$ 和 CAS 形成三元胶束配合物。例如 $Al^{3+}$ 与铬天青 S 反应时,如果加入阳离子表面活性剂溴化十六烷基三甲基铵(CTAB)则可形成三元配合物,其最大吸收波长较二元配合物的吸收波长长(即红移),摩尔吸收系数增大 2~3 倍,测定灵敏度显著提高。

本实验通过绘制 $Al^{3+}$-CAS 二元配合物及 Al-CAS-CTAB 三元配合物的吸收曲线,比较两者的摩尔吸收系数及红移的波长值,并进行微量铝的测定。

## 三、仪器及试剂

(1)仪器:分光光度计。

(2)试剂:

1)0.1 g·L$^{-1}$铝标准贮备液:准确称取硫酸铝钾[KAl(SO$_4$)$_2$·12H$_2$O]

1.758 0 g 于小烧杯中,加入 2 mL 6 mol·L⁻¹ HCl 溶液和少量水溶解后,定量转入 1 L 容量瓶中,以水稀释到刻度,摇匀。

2)铝标准溶液(含铝 2 μg·mL⁻¹):取上述铝标准贮备液 20.00 mL 于 1 L 容量瓶中,以水稀释到刻度,摇匀。

3)0.5 g·L⁻¹ 铬天青 S 用 1:1 乙醇溶液配制。

4)0.4 g·L⁻¹ 溴化十六烷基三甲基铵(CTAB)水溶液。

5)HAc-NH₄Ac 缓冲溶液(pH=6.3)。

6)1:3 HCl 溶液。

### 四、实验步骤

**1. 二元配合物吸收曲线的测绘**

在 2 只 50 mL 容量瓶中分别加入 0.00,5.00 mL 2 μg·mL⁻¹ Al³⁺ 标准溶液,2 mL CAS 溶液,6 滴 1:3 HCl 溶液,5 mL HAc-NH₄Ac 缓冲溶液,以水稀释至刻度,摇匀。用 1 cm 吸收池,以试剂空白溶液为参比,在 500~620 nm 范围内,每隔 10 nm 测定一次溶液的吸光度(在吸收峰附近多测几个点)。以波长为横坐标,以吸光度为纵坐标,绘制吸收曲线,确定最大吸收波长 $\lambda_{max}$,并计算摩尔吸光系数 $\varepsilon$。

**2. 三元配合物吸收曲线的测绘**

在 2 只 50 mL 容量瓶中分别加入 0.00,5.00 mL 2 μg·mL⁻¹ Al³⁺ 标准溶液,2 mL CAS 溶液,5 mL HAc-NH₄Ac 缓冲溶液,5 mL 溴化十六烷基三甲基铵(CTAB)溶液,以水稀释至刻度,摇匀。用 1 cm 吸收池,以试剂空白溶液为参比,在 500~660 nm 范围内,每隔 10 nm 测定一次溶液的吸光度(在吸收峰附近多测几个点)。以波长为横坐标,以吸光度为纵坐标,绘制吸收曲线,确定最大吸收波长 $\lambda_{max}$,并计算摩尔吸光系数 $\varepsilon$。

**3. 三元配合物标准曲线的测绘**

在 6 只 50 mL 容量瓶中,分别加入 0.00,1.00,2.00,3.00,4.00,5.00 mL 2 μg·mL⁻¹ Al³⁺ 的标准溶液,各加入 2 mL CAS 溶液,5 mL pH=6.3 HAc-NH₄Ac 缓冲溶液,5 mL 溴化十六烷基三甲基铵(CTAB)溶液,以水稀释至刻度,摇匀。用 1 cm 吸收池,以试剂空白溶液为参比,在选定波长下,测定各溶液的吸光度并绘制标准曲线。

**4. 试样中微量铝含量的测定**

移取 5.00 mL 待测试样于 50 mL 容量瓶中,以下操作同 3。在选定波长下,测定溶液的吸光度,并利用标准曲线计算试样中的浓度。

### 五、结果处理

(1)绘制二元配合物与三元配合物的吸收曲线,找出最大吸收波长 $\lambda_{max}$,并计算摩尔吸光系数。

(2)将三元配合物与二元配合物的 $\lambda_{max}$ 值比较,求出红移的波长值并加以讨论。

(3)绘制三元配合物标准曲线,并求出试样中 $Al^{3+}$ 的浓度。

## 六、思考题

(1)三元配合物具有哪些特点?

(2)怎样从本实验的吸收曲线和标准曲线求得配合物的摩尔吸光系数?

## 参考文献

[1] 华中师范大学,东北师范大学,陕西师范大学,北京师范大学. 分析化学实验[M]. 3 版. 北京:高等教育出版社,2001.

[2] 武汉大学. 分析化学实验[M]. 4 版. 北京:高等教育出版社,2001.

编写人:张淑芳

验证人:宋春霞

# 实验 11 有机化合物的紫外吸收光谱及溶剂性质对吸收光谱的影响

## 一、实验目的

(1)掌握紫外-可见分光光度计的使用。

(2)掌握用紫外-可见分光光度法测有机化合物的紫外吸收光谱的方法。

(3)通过实验,掌握溶剂极性对最大吸收波长的影响。

## 二、实验原理

含有不饱和双键、叁键或共轭结构、苯环的有机化合物,由于吸收紫外光子的能量,其分子外层电子发生电子能级跃迁,在紫外区(200～400 nm)有特征的吸收,在此光谱区域产生的光谱为紫外吸收光谱,紫外吸收光谱为有机化合物的鉴定提供了有用的信息。

有机化合物的紫外吸收光谱取决于化合物的结构,可以利用化合物的紫外吸收光谱进行定性分析。紫外吸收光谱定性的依据是有机化合物的吸收光谱特性,其方法是比较未知物与已知纯样品在相同条件下绘制的吸收光谱,或将绘制的未知物吸收光谱与标准谱图(如 Sadtler 谱图)相比较,若两光谱图的最大吸收

波长 $\lambda_{max}$ 和摩尔吸光系数 $\varepsilon_{max}$ 相同,表明它们是同一有机化合物。

除了有机化合物的结构,极性溶剂对有机物的紫外吸收光谱的吸收峰波长、强度及形状也有一定的影响。溶剂极性增加,$\pi \rightarrow \pi^*$ 跃迁产生的吸收带红移,$n \rightarrow \pi^*$ 跃迁产生的吸收带蓝移,封闭共轭体系 $\pi \rightarrow \pi^*$ 跃迁的 B 吸收带的精细结构消失。通过此现象来判断产生吸收峰的跃迁类型。

### 三、仪器及试剂

(1)仪器:可连续扫描波长紫外可见分光光度计;带盖石英比色皿 2 只(1 cm)。

(2)试剂:苯;乙醇;正己烷;氯仿;丁酮;异丙基丙酮。

### 四、实验步骤

1.苯的吸收光谱的测绘

在 1 cm 的石英比色皿中,加入 2 滴苯,加盖,用手心温热吸收池底部片刻,在紫外分光光度计上,以空白石英吸收池为参比,在 220~360 nm 范围内进行波长扫描,绘制吸收光谱。

2.乙醇中杂质苯的检查

用 1 cm 石英比色皿,以乙醇为参比溶液,在 230~280 nm 波长范围内测绘乙醇试样的吸收光谱,并确定是否存在苯的 B 吸收带,以判断苯杂质的存在与否。

3.溶剂性质对紫外吸收光谱的影响

(1)在 3 支 5 mL 带塞比色管中,各加入 0.02 mL 丁酮,分别用去离子水、乙醇、氯仿稀释至刻度,摇匀。用 1 cm 石英比色皿,以各自的溶剂为参比,在 220~350 nm 波长范围内测绘各溶液的吸收光谱。

(2)在 3 支 10 mL 具塞比色管中,分别加入 0.2 mL 异丙基丙酮,并分别用水、氯仿、正己烷稀释至刻度,摇匀。用 1 cm 石英比色皿,以相应的溶剂为参比,测绘各溶液在 200~350 nm 范围内的吸收光谱。

### 五、结果处理

(1)确定苯的最大吸收波长。

(2)确定丙酮在不同极性溶剂中吸收曲线的最大吸收波长 $\lambda_{max}$,并解释变化的原因。

(3)确定异丙基丙酮在不同极性溶剂中吸收曲线的最大吸收波长 $\lambda_{max}$,并解释变化的原因。

### 六、思考题

(1)分子中哪类电子跃迁会产生紫外吸收光谱?

(2)在异丙基丙酮紫外吸收光谱图上有几个吸收峰?它们分别属于什么类

型跃迁？如何区分它们？

（3）为什么极性溶剂有助于 $n \rightarrow \pi^*$ 跃迁产生的吸收带蓝移、$\pi \rightarrow \pi^*$ 跃迁产生的吸收带红移？

### 参考文献

[1] 华中师范大学,东北师范大学,陕西师范大学,北京师范大学. 分析化学实验[M]. 3 版. 北京:高等教育出版社,2001.

[2] 北京大学化学系分析化学教学组. 基础分析化学实验[M]. 2 版. 北京:北京大学出版社,1998.

编写人:宋春霞

验证人:张淑芳

## 实验 12　紫外吸收光谱法测量蒽醌试样中蒽醌的含量和摩尔吸收系数

### 一、实验目的

（1）学习应用紫外吸收光谱进行定量分析及摩尔吸收系数的测量方法。

（2）掌握测量蒽醌试样时测量波长的选择方法。

### 二、实验原理

利用紫外吸收光谱进行定量分析的基础是朗伯-比耳定律,必须选择合适的测量波长。选择测量波长的原则是吸收大、干扰小。在蒽醌试样中含有邻苯二甲酸酐时,它们的紫外吸收光谱如图 SY-3 所示。

由于在蒽醌分子结构中的双键共轭体系大于邻苯二甲酸酐,因此蒽醌的吸收峰红移比邻苯二甲酸酐大,且两者的吸收峰形状及最大吸收波长各不相同,蒽醌在波长 251 nm 处有一强烈吸收峰（$\varepsilon = 4.6 \times 10^4$ L·mol$^{-1}$·cm$^{-1}$）,在波长 323 nm 处有一中等强度的吸收峰（$\varepsilon = 4.7 \times 10^3$ L·mol$^{-1}$·cm$^{-1}$）,而在 251 nm 波长附近有一邻苯二甲酸酐的强烈吸收峰（$\varepsilon = 3.3 \times 10^4$ L·mol$^{-1}$·cm$^{-1}$）,为了避开其干扰,选用 323 nm 波长作为测量蒽醌的分析波长。由于甲醇在 250～350 nm 无吸收干扰,因此可用甲醇作溶剂。

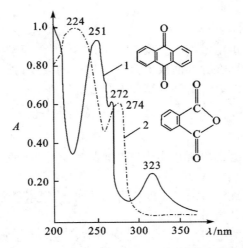

图 SY-3 蒽醌(1)与邻苯二甲酸酐(2)的紫外吸收谱图

摩尔吸收系数 $\varepsilon_{max}$ 是衡量吸收光度法定量分析方法灵敏度的重要指标,在吸收峰的最大吸收波长处的 $\varepsilon_{max}$ 既可用于定性鉴定,也可用于衡量物质对光的吸收能力,可利用标准曲线斜率的方法求得。

### 三、仪器及试剂

(1)仪器:紫外可见分光光度计;带盖石英比色皿 2 只(1 cm)。

(2)试剂:

1)4.0 g·L⁻¹蒽醌标准贮备液:准确称取 0.400 0 g 蒽醌于 100 mL 烧杯中,用甲醇溶解后,转移至 100 mL 容量瓶中,以甲醇稀释至刻度,摇匀。

2)0.040 0 g·L⁻¹蒽醌标准溶液:吸取 1.0 mL 上述蒽醌贮备液于 100 mL 容量瓶中,以甲醇稀释至刻度,摇匀。

3)蒽醌、甲醇、邻苯二甲酸酐、蒽醌试样。

### 四、实验步骤

(1)蒽醌系列标准溶液的配制:在 5 只 10 mL 容量瓶中,分别加入 2.00,4.00,6.00,8.00,10.00 mL 蒽醌标准溶液(0.040 0 g·L⁻¹),用甲醇定容至刻度,摇匀备用。

(2)称取 0.100 0 g 蒽醌试样于小烧杯中,用甲醇溶解后,转移至 50 mL 容量瓶中,以甲醇稀释至刻度,摇匀备用。

(3)用 1 cm 石英比色皿,以甲醇作为参比溶液,在 200～350 nm 波长范围内测量一份蒽醌标准溶液的紫外吸收光谱。

(4)配制浓度为 0.1 g·L⁻¹邻苯二甲酸酐的甲醇溶液,按上述方法测绘其紫外吸收光谱。

(5)在分析波长下,以甲醇为参比溶液,测量蒽醌系列标准溶液及蒽醌试液的吸光度,以蒽醌标准溶液的吸光度为纵坐标、浓度为横坐标绘制标准曲线,根据蒽醌试液的吸光度,在标准曲线上查得其对应的浓度,并根据试样配制情况,计算蒽醌试样中蒽醌的含量,并计算此波长处的 ε 值。

### 五、结果处理

(1)记录实验条件。

(2)比较测绘得到的蒽醌和邻苯二甲酸酐的紫外吸收光谱,并与图 SY-3 对照,说明选择分析波长的依据。

(3)根据蒽醌标准溶液的吸光度值得标准曲线,根据蒽醌试样的吸光度值查得其浓度,并计算得其质量分数。

(4)根据标准曲线的斜率,得蒽醌在测量波长处的摩尔吸收系数。

### 六、思考题

(1)在紫外吸收光谱定量分析时测绘吸收曲线有何意义?

(2)为什么选用 323 nm 而不选用 251 nm 波长作为蒽醌定量分析的测量波长?

(3)本实验为什么用甲醇作参比溶液?

### 参考文献

[1] 华中师范大学,东北师范大学,陕西师范大学,北京师范大学. 分析化学实验[M]. 3 版. 北京:高等教育出版社,2001.

编写人:宋春霞

验证人:张淑芳

## 实验 13　紫外双波长法测定对氯苯酚存在时苯酚的含量

### 一、实验目的

(1)熟悉双波长分光光度法测定二元混合物中待测组分含量的原理和方法。

(2)掌握选择测量波长和参比波长的方法。

### 二、实验原理

当 M,N 两组分处于同一溶液中,如果它们的紫外吸收光谱相互干扰,无法通过测量某一波长处的吸光度值来得到其中一种组分的含量时,可采用双波长法消除干扰,测定一种组分的含量。如图 SY-4 所示,$\lambda_2$ 是 M 组分的最大吸收波长,对于 M 物质,在两波长 $\lambda_1$ 和 $\lambda_2$ 处 $\Delta A_M$ 最大,对于 N 物质,在两处长处 $\Delta A_N = 0$,分别在 $\lambda_1$ 和 $\lambda_2$ 处测量混合溶液的吸光度值,得 $\Delta A = (\varepsilon^{\lambda_1}_M - \varepsilon^{\lambda_2}_M)bc_M$,由此可消除 N 物质的干扰,测定 M 的含量。

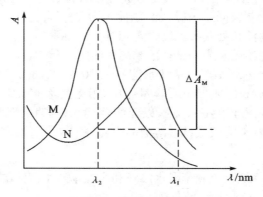

图 SY-4　双波长法原理

双波长法所选择的波长,必须满足以下两个条件:①两波长处,干扰组分吸光度值相等;②两波长处,待测组分的吸光度差值应足够大。

为了选择 $\lambda_1$ 和 $\lambda_2$,应先在同一坐标纸上分别绘制两组分标准物质的紫外吸收光谱,再确定 $\lambda_1$ 和 $\lambda_2$。其方法为在待测组分 M 的最大吸收峰处或其附近选择一测量波长 $\lambda_2$,由此作垂直于横轴的直线交干扰组分 N 的吸收光谱上某一点,再以此交点画一平行于横轴的水平线,与组分 N 的吸收光谱又产生一个或几个交点,交点处的波长即可作为参比波长 $\lambda_1$,当 $\lambda_1$ 有几个位置可供选择时,所选择的 $\lambda_1$ 应能使待测组分获得较大的吸光度差值。

本实验中,苯酚和对氯苯酚水溶液吸收光谱相互重叠,需用双波长法测定混合液中苯酚的含量。

### 三、仪器及试剂

(1)仪器:紫外可见分光光度计、石英比色皿 2 只(1 cm)。

(2)试剂:

1)苯酚水溶液储备液(250 mg·$L^{-1}$):称取 25.0 mg 苯酚,用无酚蒸馏水溶解,定量转移到 100 mL 容量瓶中定容,摇匀。

2)对氯苯酚水溶液储备液(250 mg·$L^{-1}$):称取 25.0 mg 对氯苯酚,用无酚蒸馏水溶解,定量转移到 100 mL 容量瓶中定容,摇匀。

### 四、实验步骤

1. 苯酚和对氯苯酚水溶液吸收光谱的绘制

分别将适量的储备液稀释 5 倍,配成 50.0 mg·L$^{-1}$ 苯酚水溶液和 50.0 mg·L$^{-1}$ 对氯苯酚水溶液,在 250~300 nm 波长范围内,以无酚蒸馏水作参比,1 cm 石英吸收池,用紫外-可见分光光度计测绘它们各自的吸收光谱,并将两条吸收光谱绘制在同一坐标纸上,用作图法选择合适的 $\lambda_1$ 和 $\lambda_2$。再用对氯苯酚水溶液复测两波长处其吸光度是否相等。

2. 标准曲线的绘制及未知试样中苯酚的测定

分别移取 250 mg·L$^{-1}$ 的苯酚水溶液 1.00,2.00,3.00,4.00,5.00 mL 及未知试样溶液 5.00 mL 于 25 mL 容量瓶中,用无酚蒸馏水定容,摇匀。在所选择的测量波长 $\lambda_2$ 及参比波长 $\lambda_1$ 处,以无酚蒸馏水作参比液,用 1 cm 石英吸收池,分别测定苯酚标准溶液及试样溶液的吸光度。

### 五、结果处理

(1)在同一坐标纸上绘制苯酚水溶液和对氯苯酚水溶液的吸收光谱,并选择出合适的测量波长 $\lambda_2$ 和参比波长 $\lambda_1$。

(2)求出标准系列溶液在两波长处吸光度的差值 $\Delta A_{\lambda_2-\lambda_1}$,以 $\Delta A_{\lambda_2-\lambda_1}$ 为纵坐标、苯酚水溶液的浓度为横坐标,绘制标准曲线。由未知试样溶液的 $\Delta A_{\lambda_2-\lambda_1}$ 值,从标准曲线上查出相应的苯酚含量,然后求其未知试样溶液中的苯酚浓度。

### 六、思考题

(1)本实验与普通单波长分光光度法有何不同,双波长法的优点是什么?

(2)本法所选择的波长应满足哪两个条件?

## 参考文献

[1] 复旦大学化学系仪器分析实验编写组. 仪器分析实验[M]. 上海:复旦大学出版社,1988.

编写人:宋春霞

验证人:张淑芳

# 实验 14  紫外可见分光光度法测定苯甲酸离解常数 $pK_a$

## 一、实验目的

(1)掌握测定不同 pH 值条件下苯甲酸吸光度的方法。

(2)掌握吸光光度法测定弱酸离解常数的原理和方法。

## 二、实验原理

如果一个化合物紫外吸收光谱随其溶液的 pH 值(即溶液中氢离子浓度)不同而变化,它的平衡式可表示为

$$HIn \Longrightarrow H^+ + In^-$$

式中,

$$K_a = \frac{[In^-][H^+]}{[HIn]} \tag{1}$$

可写成:

$$pK_a = pH - \lg \frac{[In^-]}{[HIn]} \tag{2}$$

以 pH 对 $\lg \dfrac{[In^-]}{[HIn]}$ 作图可以获得一条直线,当 $[In^-] = [HIn]$ 时截距为离解常数 $pK_a$。

在低、高两种 pH 状态时,化合物分别以 HIn 和 In⁻ 形式存在于溶液中,绘制弱酸的紫外-可见光谱吸收曲线,由两条吸收曲线得到以 HIn 或 In⁻ 形式存在的 $\lambda_{max}$ 值,测出两 $\lambda_{max}$ 处强酸、强碱、中性三类不同 pH 值介质中的稀溶液的吸光度,而

$$\frac{[In^-]}{[HIn]} = \frac{A - A_{HIn}}{A_{In^-} - A} \tag{3}$$

式中,$A_{HIn}$,$A_{In^-}$,$A$ 分别为在同一测量波长处测得强酸性、强碱性、中性三类不同 pH 值介质中的稀溶液的吸光度值。

将式(3)代入(2)得

$$pK_a = pH - \lg \frac{A - A_{HIn}}{A_{In^-} - A} \tag{4}$$

将中性溶液 pH 值及相应吸光度值代入式(4)即可求出该化合物的离解常数 $pK_a$。或配制成不同 pH 值的一系列溶液,于两 $\lambda_{max}$ 值处测量它们的吸光度,再以 pH 值为横坐标、吸光度为纵坐标作图,能获得两条 S 形曲线,该曲线中间所对应的 pH 值即为离解常数 $pK_a$。

## 三、仪器及试剂

(1)仪器:紫外-可见分光光度计;pH 计;精密分析天平。

(2)试剂:

1)pH=3.6 缓冲溶液:8 g 醋酸钠溶于 100 mL 蒸馏水中,加入 134 mL 的 6 mol·L⁻¹醋酸,用蒸馏水稀释至 500 mL。

2)pH＝4.5缓冲溶液:50 g醋酸钠溶于100 mL蒸馏水中,加入85 mL的6 mol·L$^{-1}$醋酸,用蒸馏水稀释至500 mL。

3)苯甲酸、醋酸钠、醋酸。

### 四、实验步骤

(1)准确称取0.120 g苯甲酸溶于蒸馏水中,然后移至500 mL容量瓶中,用蒸馏水稀释至刻度。

(2)按表SY-4配制4种加入不同介质的待检测苯甲酸溶液。

表 SY-4　　加入不同介质的待测苯甲酸溶液的用量　　　　　　　单位:mL

| 溶液种类 | 容量瓶编号 | | | |
| --- | --- | --- | --- | --- |
| | 1 | 2 | 3 | 4 |
| 苯甲酸 | 5.00 | 5.00 | 5.00 | 5.00 |
| 0.05 mol·L$^{-1}$硫酸 | 2.50 | 0 | 0 | 0 |
| 0.1 mol·L$^{-1}$氢氧化钠 | 0 | 2.50 | 0 | 0 |
| pH＝3.6 缓冲溶液 | 0 | 0 | 20.00 | 0 |
| pH＝4.5 缓冲溶液 | 0 | 0 | 0 | 20.00 |

备注:容量瓶为25 mL。

(3)以石英比色皿(1 cm)装进2/3池溶液,分别以0.05 mol·L$^{-1}$硫酸、0.10 mol·L$^{-1}$氢氧化钠作为参比溶液,绘制以上(1)、(2)两溶液的紫外定性吸收光谱图,确定两最大吸收波长和最大吸光度值。

(4)用pH计测定以上配制的4种不同介质苯甲酸溶液的pH值。

(5)以pH＝3.6缓冲溶液、pH＝4.5缓冲溶液作为参比溶液,在两最大吸收波长分别测定(3)、(4)两溶液吸光度值。

### 五、结果处理

(1)画出(1)、(2)两种不同介质苯甲酸溶液的吸收光谱图,找出两最大吸收波长。

(2)将溶液的pH值及吸光度值代入公式(4),分别计算pH＝3.6、pH＝4.5条件下的苯甲酸的离解常数p$K_a$,并且计算其离解常数的平均值。

### 六、思考题

(1)测得的弱酸离解常数是否与溶液的pH值及其他因素有必然联系?

(2)改变测定波长,离解常数将会有什么变化?倘若苯甲酸溶液在强酸性介质和强碱性介质中其吸收光谱无显著差异,请问能否用紫外-可见分光光度法测定其离解常数?

## 参考文献

[1] 武汉大学化学与分子科学学院实验中心. 仪器分析实验[M]. 3 版. 武汉：武汉大学出版社，2005.

[2] 复旦大学化学系仪器分析实验编写组. 仪器分析实验[M]. 上海：复旦大学出版社，1988.

编写人：宋春霞
验证人：张淑芳

# 实验 15　荧光光度法测定核黄素

## 一、实验目的

(1)掌握荧光法测定核黄素的原理和方法。
(2)学习荧光光度计的操作和使用。

## 二、实验原理

核黄素(维生素 $B_2$)是一种异咯嗪衍生物，它在中性或弱酸性的水溶液中为黄色并且有很强的荧光。这种荧光在强酸和强碱中易被破坏。核黄素可被亚硫酸盐还原成无色的二氢化物，同时失去荧光，因而样品的荧光背景可以被测定。二氢化物在空气中易重新氧化，恢复其荧光，其反应如下：

核黄素　　　　　　　　　二氢核黄素

核黄素的激发光波长范围为 $440\sim500$ nm(一般为 440 nm)，发射光波长范围为 $510\sim550$ nm(一般为 520 nm)。利用在稀溶液中核黄素荧光的强度与核黄素的浓度成正比，由还原前后的荧光差数可进行定量测定。根据核黄素的荧光特性亦可进行定性鉴别。

注意：在所有的操作过程中，要避免核黄素受阳光直接照射。

### 三、仪器及试剂

（1）仪器：荧光光度计；分析天平；比色管（10 mL）；容量瓶（100 mL）；移液管（10 mL，5 mL，1 mL）；烧杯（50 mL）。

（2）试剂：核黄素标准品；冰醋酸；核黄素药片；连二亚硫酸钠（保险粉）或亚硫酸钠。

### 四、实验步骤

**1. 核黄素标准溶液配制（4 $\mu$g · mL$^{-1}$）**

准确称取核黄素 4 mg，加 5 mL 冰醋酸和适量蒸馏水，置水浴中避光加热直至溶解。冷却至室温，用蒸馏水定容至 1 000 mL，转入棕色瓶中。

**2. 样品液的制备**

为了消除药片之间的差异，可取几片药片一起研磨，然后取部分有代表性的样品进行分析。

将 5 片核黄素药片称量后磨成粉末，然后从中准确称取 1～2 mg 有代表性的样品，加 0.5 mL 冰醋酸和适量蒸馏水，置水浴中避光加热直至溶解。冷却至室温，用蒸馏水定容至 100 mL（如果有沉淀，迅速通过定量滤纸干过滤，用该滤液在与标准溶液同样条件下测量核黄素的荧光强度）。转入棕色瓶中，作样品待测液备用。

**3. 绘制核黄素的激发光谱和荧光光谱**

利用核黄素标准溶液测绘激发光谱和荧光光谱。先固定激发波长为 440 nm，在 460～600 nm 测定荧光强度，获得溶液的发射光谱，在 520 nm 附近为最大发射波长 $\lambda_{em}$；再固定发射波长 $\lambda_{em}$，测定激发波长为 400～500 nm 时的荧光强度，获得溶液的激发光谱，在 440 nm 附近为最大激发波长 $\lambda_{ex}$。

**4. 标准曲线制作及样品测定**

取 8 支比色管，按照表 SY-5 配制溶液。

**表 SY-5　溶液配制方法及荧光强度测定结果**

| 编号 | 1 | 2 | 3 | 4 | 5 | 6 | 7 | 8 |
|---|---|---|---|---|---|---|---|---|
| 核黄素标准溶液的体积/mL | 0.25 | 0.50 | 1.00 | 1.50 | 2.00 | 2.50 | — | — |
| 待测样品溶液的体积/mL | — | — | — | — | — | — | 10.00 | 10.00 |
| 测定结果 | | | | | | | | |
| 荧光强度 $F_1$ | | | | | | | | |
| 荧光强度 $F_2$ | | | | | | | | |

将 1～6 号比色管用蒸馏水稀释至 10 mL,分别测定 1～8 号各比色管中溶液的荧光强度($F_1$)。再向 1～8 号比色管中各加入约 10 mg 连二硫酸钠或亚硫酸钠,混合溶解后,立即重新测定荧光强度($F_2$)。

注意:在测定中如果待测样品溶液的荧光强度超出 100%,则需要再行稀释,并记录稀释倍数。

### 五、结果处理

从绘制的激发光谱和荧光光谱曲线上,确定它们的最大激发波长和最大发射波长。

由 1～6 号管的数据,以核黄素含量($\mu g \cdot mL^{-1}$)为横坐标、$F$ 值($F_1 - F_2$)为纵坐标,绘制标准曲线。

(1)求两个样品管 $F$ 的平均值。

(2)从标准曲线中求样品管中核黄素的含量($\mu g \cdot mL^{-1}$)。

(3)计算药片中核黄素的含量(单位用 $g \cdot g^{-1}$),并将测定值与说明书上的值比较。

### 六、思考题

为什么在核黄素的整个测定过程中,需要避光操作?

### 参考文献

[1] 杨万龙,李文友. 仪器分析实验[M]. 北京:科学出版社,2008.

[2] 赵文宽,张悟铭,王长发,等. 仪器分析实验[M]. 北京:高等教育出版社,1997.

[3] 许金钧,王尊本. 荧光分析法(21 世纪科学版化学专著系列)[M]. 3 版. 北京:科学出版社,2006.

编写人:刘雪静

验证人:王　峰

# 实验 16　荧光分析法测定邻-羟基苯甲酸和间-羟基苯甲酸混合物中二组分的含量

### 一、实验目的

(1)学习荧光分析法的基本原理和仪器的操作方法。

(2)掌握用荧光分析法进行多组分含量测定的方法。

### 二、实验原理

在弱酸性水溶液中,邻-羟基苯甲酸(水杨酸)生成分子内氢键,增加分子的刚性而有较强荧光(图 SY-5 为邻-羟基苯甲酸的荧光光谱曲线),而间-羟基苯甲酸无荧光。在 pH＝12 的碱性溶液中,二者在 310 nm 附近的紫外光照射下均会发生荧光,且邻-羟基苯甲酸的荧光强度与其在弱酸性时相同。因此,在 pH＝5.5 时可测定水杨酸的含量,间-羟基苯甲酸不干扰;另取同量试样溶液调 pH 至 12,从测得的荧光强度中扣除水杨酸产生的荧光即可求出间-羟基苯甲酸的含量。在 $0\sim 8\ \mu g\cdot mL^{-1}$ 范围内荧光强度与二组分浓度均呈线性关系。对-羟基苯甲酸在此条件下无荧光,因而不干扰测定。

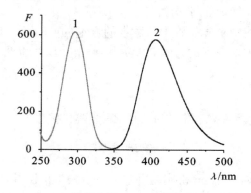

1—激发光谱;2—发射光谱

**图 SY-5　邻-羟基苯甲酸溶液的荧光光谱曲线**

### 三、仪器及试剂

(1)仪器:荧光光度计;分析天平;比色管(25 mL);刻度移液管(2 mL,5 mL,1 mL);容量瓶(1 000 mL)。

(2)试剂:邻-羟基苯甲酸;间-羟基苯甲酸;冰醋酸;醋酸;醋酸钠;氢氧化钠。

### 四、实验步骤

(1)标准溶液和缓冲溶液:

1)120 $\mu g\cdot mL^{-1}$邻-羟基苯甲酸标准溶液:称取邻-羟基苯甲酸0.120 0 g用水溶解并定容于1 L容量瓶中,摇匀备用。

2)120 $\mu g\cdot mL^{-1}$间-羟基苯甲酸标准溶液:称取间-羟基苯甲酸0.120 0 g用水溶解并定容于1 L容量瓶中,摇匀备用。

3)醋酸-醋酸钠缓冲溶液:称取 50 g NaAc 和 6 g 冰醋酸配成 1 000 mL pH＝5.5 的缓冲溶液。

4)NaOH 溶液:0.10 mol·L$^{-1}$。

(2)配制标准系列和未知溶液:

1)分别移取邻-羟基苯甲酸标准溶液 0.20,0.40,0.60,0.80,1.00 mL 于 25 mL 比色管中,各加入 2.5 mL pH 5.5 的醋酸盐缓冲溶液,用去离子水稀释至刻度,摇匀。

2)分别移取间-羟基苯甲酸标准溶液 0.20,0.40,0.60,0.80,1.00 mL 于 25 mL 比色管中,各加入 3 mL 0.10 mol·L$^{-1}$NaOH,用去离子水稀释至刻度,摇匀。

3)取 1.00 mL 未知液两份分别置于 25 mL 比色管中,其一加入 2.5 mL pH 为 5.5 的醋酸盐缓冲溶液,其二加入 3.0 mL 0.10 mol·L$^{-1}$NaOH,分别用去离子水稀释至刻度,摇匀。

(3)激发光谱和发射光谱的测绘:分别用邻-羟基苯甲酸和间-羟基苯甲酸标准系列中第三份溶液测绘激发光谱和发射光谱。先固定激发波长为 300 nm,在 300～450 nm 测定荧光强度,获得溶液的发射光谱,在 400 nm 附近为最大发射波长 $\lambda_{em}$;再固定发射波长为 $\lambda_{em}$,测定激发波长为 200 nm～$\lambda_{em}$ 时的荧光强度,获得溶液的激发光谱,在 300 nm 附近为最大激发波长 $\lambda_{ex}$。

(4)根据上述激发光谱和发射光谱扫描结果,得到确定一组测定波长($\lambda_{ex}$ 和 $\lambda_{em}$),使之对两组分都有较高的灵敏度。在该组波长下测定上述标准系列各溶液和未知溶液的荧光强度。

## 五、结果处理

表 SY-6  不同溶液的荧光强度

荧光测定条件:$\lambda_{ex}$＝_____ nm,$\lambda_{em}$＝_____ nm

| 溶液种类 | 溶液编号 | | | | | |
| --- | --- | --- | --- | --- | --- | --- |
| | 1 | 2 | 3 | 4 | 5 | 6 |
| 邻-羟基苯甲酸标准溶液 | | | | | | |
| 间-羟基苯甲酸标准溶液 | | | | | | |
| 样品溶液 | | | — | — | — | |

(1)以荧光强度为纵坐标,分别以邻-羟基苯甲酸(水杨酸)和间-羟基苯甲酸的浓度为横坐标制作标准曲线。

(2)根据 pH 为 5.5 的未知溶液的荧光强度可在邻-羟基苯甲酸(水杨酸)的

标准曲线上确定未知液中水杨酸的浓度。

（3）根据 pH 为 12 的未知液的荧光强度与 pH 为 5.5 的未知液的荧光强度之差可在间-羟基苯甲酸的标准曲线上确定未知液中间-羟基苯甲酸的浓度。

### 六、思考题

（1）在 pH 为 5.5 的溶液中，邻-羟基苯甲酸（$pK_{a1}=3.00$，$pK_{a2}=12.38$）和间-羟基苯甲酸（$pK_{a1}=4.05$，$pK_{a2}=9.85$）的存在形式如何？为什么两者的荧光性质不同？

（2）物质的荧光强度与哪些因素有关？

（3）荧光光度计与分光光度计的结构及操作有何异同？

### 参考文献

[1] 杨万龙，李文友. 仪器分析实验[M]. 北京：科学出版社，2008.

[2] 赵文宽，张悟铭，王长发，等. 仪器分析实验[M]. 北京：高等教育出版社，1997.

[3] 许金钩，王尊本. 荧光分析法（21 世纪科学版化学专著系列）[M]. 3 版. 北京：科学出版社，2006.

编写人：刘雪静

验证人：王　峰

## 实验 17　苯甲酸红外光谱测定及结构分析

### 一、实验目的

（1）掌握一般固体样品的制样方法以及压片机的使用方法。

（2）了解红外光谱仪的工作原理。

（3）掌握红外光谱仪器的操作。

### 二、实验原理

不同的样品状态（固体、液体、气体以及黏稠样品）需要相应的制样方法，制样方法的选择和制样技术的好坏直接影响红外谱带的频率、数目和强度。

对于像苯甲酸这样的粉末样品常采用压片法。实际方法是将研细的粉末分散在固体介质中，并用压片机压成透明的薄片后测定。固体分散介质一般是金属卤化物（如 KBr），使用时要将其充分研细，颗粒直径最好要小于 2 $\mu m$（因为中红外区的波长是从 2.5 $\mu$m 开始的)。

### 三、仪器及试剂

(1)仪器:红外光谱仪;压片机;模具和样品架;玛瑙研钵;不锈钢镊子;红外灯。

(2)试剂:苯甲酸(A.R.);KBr 粉末(光谱纯);无水乙醇(A.R.);擦镜纸。

### 四、实验步骤

1. 准备工作

(1)开机:打开红外光谱仪主机电源和显示器的电源,仪器预热 20 min;打开计算机,进入工作软件。

(2)用分析纯的无水乙醇清洗玛瑙研钵,用擦镜纸擦干后,再用红外灯烘干。

2. 试样的制备

取 2~3 mg 苯甲酸与 200~300 mg 干燥的 KBr 粉末,置于玛瑙研钵中,在红外灯下混匀,充分研磨(颗粒粒度 2 $\mu$m 左右)后,用不锈钢药匙取 70~80 mg 于压片机模具的两片压舌下。压片后,用不锈钢镊子小心取出压制好的试样薄片,置于样品架中待用。

3. 试样的分析测定

(1)背景的扫描:在未放入试样前,扫描背景 1 次。

(2)试样的扫描:将试样压片放入样品室中,扫描试样 1 次。

4. 结束工作

(1)关机:实验完毕后,先关闭红外工作软件,然后恢复工厂设置,关闭显示器电源,关闭红外光谱仪的电源。

(2)用无水乙醇清洗玛瑙研钵、不锈钢药匙、镊子。

(3)清理台面,填写仪器使用记录。

### 五、结果处理

(1)对所测谱图进行基线校正及适当平滑处理,标出主要吸收峰的波数值,储存数据后打印谱图。

(2)用计算机进行图谱检索,并判别各主要吸收峰的归属。

### 六、思考题

(1)用压片法制样时,为什么要求研磨到颗粒粒度在 2 $\mu$m 左右? 研磨时不在红外灯下操作,谱图上会出现什么情况?

(2)对于一些高聚物材料,很难研磨成细小的颗粒,采用什么制样方法比较好?

## 参考文献

[1] 华中师范大学,等. 分析化学实验[M]. 北京:高等教育出版社,2001.

[2] 陈培荣,邓勃. 现代仪器分析实验与技术[M]. 北京:清华大学出版社, 1999.

[3] 张济新,孙海霖,朱明华. 仪器分析实验[M]. 北京:高等教育出版社,1994.

[4] 武汉大学化学与分子科学学院实验中心. 仪器分析实验[M]. 武汉:武汉大学出版,2005.

编写人:季宁宁

# 实验18  醛和酮的红外光谱测定

## 一、实验目的

(1)掌握影响红外光谱中羰基伸缩振动频率的因素。

(2)熟悉压片法及可拆式液体池的制样技术。

## 二、实验原理

醛和酮在 $1\,900 \sim 1\,650\ cm^{-1}$ 范围内出现强吸收峰,这是 $C{=}O$ 的伸缩振动吸收带。其位置相对较固定且强度大,很容易识别。而 $C{=}O$ 伸缩振动如受到样品的状态、相邻取代基团、共轭效应、氢键、环张力等因素的影响,其吸收带实际位置会有所差别。

脂肪醛在 $1\,740 \sim 1\,720\ cm^{-1}$ 范围有吸收。$\alpha$-碳上的电负性取代基会增加 $C{=}O$ 谱带吸收频率。例如,乙醛在 $1\,730\ cm^{-1}$ 处吸收,而三氯乙醛在 $1\,768\ cm^{-1}$ 处吸收;双键与羰基产生共轭效应,会降低 $C{=}O$ 的吸收频率;芳香醛在低频处吸收;内氢键也使吸收向低频方向移动。

酮的羰基比相应的醛的羰基在稍低的频率处吸收,饱和脂肪酮在 $1\,715\ cm^{-1}$ 左右有吸收。同样,双键的共轭会造成吸收向低频移动,酮与溶剂之间的氢键也将降低羰基的吸收频率。

## 三、仪器及试剂

(1)仪器:红外分光光度计;压片机;压模;样品架;可拆式液体池;盐片;红外灯;玛瑙研钵。

132

(2)试剂:苯甲醛;肉桂醛;正丁醛;二苯甲酮;环己酮;苯乙酮;滑石粉;无水乙醇;KBr。

### 四、实验步骤

(1)可拆式液体池的准备:戴上指套,将可拆式液体池的两盐片从干燥器中取出后,在红外灯下用少许滑石粉混入几滴乙醇磨光其表面。用软纸擦净后,滴加无水乙醇1～2滴,用镜头纸或麂皮擦洗干净。反复数次,然后将盐片放于红外灯下烘干备用。

(2)液体样品的测试:在可拆式液体池的金属池板上垫上橡胶圈,在孔中央位置放一盐片,然后滴半滴液体试样于盐片上。将另一盐片平压在上面(注意:不能有气泡),再将另一金属片盖上,对角方向旋紧螺丝,将盐片夹紧在其中。把此液体池放于红外光谱仪的样品池处,进行扫谱。

(3)扫谱结束后,取下样品池,松开螺丝,套上指套,小心取出盐片。先用镜头纸擦净液体,滴上无水乙醇,洗去样品(千万不能用水洗)。然后,再于红外灯下用滑石粉及无水乙醇进行抛光处理。最后,用无水乙醇将表面洗干净,擦干,烘干。两盐片收入干燥器中保存。

(4)样品测定:用可拆式液体池将苯甲醛、肉桂醛、正丁醛、环己酮、苯乙酮等分别制成 $0.015\sim0.025$ mm 厚的液膜,绘出红外光谱。而二苯甲酮为固体则可按压片法制成 KBr 片剂测其红外光谱。

### 五、结果处理

(1)确定各化合物的羰基吸收频率,根据各化合物的光谱写出它们的结构式。

(2)根据苯甲醛的光谱,指出在 $3\,000$ cm$^{-1}$ 左右及 $675\sim750$ cm$^{-1}$ 之间所得到的主要谱带,简述分子中的键或基团构成这些谱带的原因。

(3)根据环己酮光谱,指出在 $2\,900$ cm$^{-1}$ 和 $1\,460$ cm$^{-1}$ 附近的主要谱带。

### 六、思考题

(1)共轭效应和芳香性对羰基吸收频率有何影响?

(2)固体样品制样过程中应注意哪些问题?

(3)液体样品制样过程中应注意哪些问题?

## 参考文献

[1] 华中师范大学,等. 分析化学实验[M]. 北京:高等教育出版社,2001.

[2] 陈培荣,邓勃. 现代仪器分析实验与技术[M]. 北京:清华大学出版社,1999.

[3] 张济新,孙海霖,朱明华. 仪器分析实验[M]. 北京:高等教育出版社,1994.

[4] 武汉大学化学与分子科学学院实验中心.仪器分析实验[M].武汉:武汉大学出版,2005.

编写人:季宁宁

# 实验 19　直接电导法测定不同水的纯度

## 一、实验目的

(1)掌握电导法测定各种水的电导率并计算含盐量。

(2)学习电导率仪的使用方法。

## 二、实验原理

电解质水溶液中的离子在电场作用下能产生定向移动,因此具有导电性,其导电能力的大小称为电导。在一定范围内,电解质溶液的浓度与其电导率的大小呈线性关系。所以,测量水的电导率即可知水中离子的总浓度,即水的纯度。

测量电导的方法,可用两个电极插入溶液中,测量两电极间的电阻 $R$,根据欧姆定律:

$$R = \rho \frac{L}{A} \tag{1}$$

式中,$\rho$ 为电阻率;$L$ 为两电极间距离;$A$ 为电极面积。

$R$ 的倒数为电导 $G$,$\rho$ 的倒数为电导率,以 $\kappa$ 表示。当电极确定时,电极面积 $A$ 与间距 $L$ 都是固定不变的,故 $L/A$ 是一个常数,称为电导池常数 $\theta$。

$$G = \frac{1}{R} = \frac{\kappa}{\theta} \tag{2}$$

电导池常数 $\theta$ 可通过测量已知电导率的 KCl 标准溶液的电导来求得。

利用已知电导池常数的电极,测出溶液的电导后,即可求出电导率 $\kappa$。

## 三、仪器及试剂

(1)仪器:DDS-11A 型电导率仪;电导电极。

(2)试剂:

1)KCl 标准溶液:准确称取预先在烘箱中已烘干的 KCl(G. R. )0.745 5 g,置于 100 mL 容量瓶中,用高纯水配成 0.100 0 mol·L$^{-1}$ KCl 标准溶液。

2)水样:高纯水、普通去离子水、自来水。

## 四、实验步骤

(1)按电导率仪使用说明调整仪器,将电极和容器用被测溶液洗 2~3 次,然后将电极插入溶液中,用温度计测出被测溶液的温度,将"温度"补偿旋钮置于被测溶液的实际温度上。拨到"校正"档,调电导池常数。将电导仪旋扭拨到"测量",量程选择开关逐挡下降到适当位置,仪器显示值即为被测溶液的电导率。分别测出各种水的电导率,并比较它们的纯度。

(2)电导池常数的校正:DDS-11A 型电导率仪所附配套电极,出厂时均注明其电极常数,我们可以通过以下实验进行校正。

将电极和容器用去离子水洗 2～3 次,然后用 $0.100\ 0\ mol\cdot L^{-1}$ 的 KCl 标准溶液洗 2～3 次。将电极浸入 $0.100\ 0\ mol\cdot L^{-1}$ 的 KCl 标准溶液,用温度计测量 $0.100\ 0\ mol\cdot L^{-1}$ 的 KCl 标准溶液温度,查出该温度下 KCl 的电导率(此溶液的电导率可由手册查出)。将仪器开关拨到"校正"档,旋动校正旋钮使表针指向满度,然后将仪器开关拨到"测量"档,调节电极常数调节器,使表头指示为该温度下 KCl 溶液的电导率,然后将开关回到"校正"档。此时,电极常数调节器所示数值,即为电极的电导池常数。

### 五、结果处理

(1)根据测量结果,由下列经验公式分别计算出各种水的含盐量:

$$总盐量(mg\cdot L^{-1})\approx 0.72\kappa_{18} \tag{3}$$

$$\kappa_{18}=\frac{\kappa_t}{1+\alpha(t-18)} \tag{4}$$

式中,$\kappa_{18}$ 为 18℃时水样的电导率($\mu S\cdot cm^{-1}$);0.72 是经验常数;$t$ 为测定时水样的温度;温度常数 $\alpha\approx 0.022$。

(2)根据三种水的电导率,比较其纯度。

(3)电导池常数的校正数据列于表 SY-7 中。

**表 SY-7　电导池常数的校正**

| KCl 溶液的浓度 | $0.100\ 0\ mol\cdot L^{-1}$ |
| --- | --- |
| 原电极的常数 | |
| 校正后的电极常数 | |

当被测溶液的电导率低于 $200\ \mu S\cdot cm^{-1}$ 时,宜选用 DJS-1C 型光亮电极;被测溶液的电导率高于 $200\ \mu S\cdot cm^{-1}$ 时,宜选用 DJS-1C 型铂黑电极;被测溶液的电导率高于 $20\ mS\cdot cm^{-1}$ 时,宜选用 DJS-10 型电极,此时测量范围可扩大到 $200\ mS\cdot cm^{-1}$。

### 六、思考题

(1)电导和电导率有什么不同,本实验所用仪器测出的是什么?

（2）电导池常数决定于什么？

（3）电导法在应用中有哪些局限性？

## 参考文献

[1] 方惠群,于俊生,史坚. 仪器分析[M]. 北京:科学出版社,2002.

[2] 华中师范大学,陕西师范大学,东北师范大学. 分析化学(下册)[M]. 北京:高等教育出版社,2001.

[3] 朱明华. 仪器分析[M]. 4 版. 北京:高等教育出版社,2008.

编写人:刘雪静

附表　KCl 溶液的电导率*

| $T/℃$ | $c/\text{mol} \cdot \text{L}^{-1}$ | | | |
| --- | --- | --- | --- | --- |
| | 1.000** | 0.100 0 | 0.020 0 | 0.010 0 |
| 0 | 0.065 41 | 0.007 15 | 0.001 521 | 0.000 776 |
| 5 | 0.074 14 | 0.008 22 | 0.001 752 | 0.000 896 |
| 10 | 0.083 19 | 0.009 33 | 0.001 994 | 0.001 020 |
| 15 | 0.092 52 | 0.010 48 | 0.002 243 | 0.001 147 |
| 16 | 0.094 41 | 0.010 72 | 0.002 294 | 0.001 173 |
| 17 | 0.096 31 | 0.010 95 | 0.002 345 | 0.001 199 |
| 18 | 0.098 22 | 0.011 19 | 0.002 397 | 0.001 225 |
| 19 | 0.100 14 | 0.011 43 | 0.002 449 | 0.001 251 |
| 20 | 0.102 07 | 0.011 67 | 0.002 501 | 0.001 278 |
| 21 | 0.104 00 | 0.011 91 | 0.002 553 | 0.001 305 |
| 22 | 0.105 94 | 0.012 15 | 0.002 606 | 0.001 332 |
| 23 | 0.107 89 | 0.012 39 | 0.002 659 | 0.001 359 |
| 24 | 0.109 84 | 0.012 64 | 0.002 712 | 0.001 386 |
| 25 | 0.111 80 | 0.012 88 | 0.002 765 | 0.001 413 |
| 26 | 0.113 77 | 0.013 13 | 0.002 819 | 0.001 441 |
| 27 | 0.115 74 | 0.013 37 | 0.002 873 | 0.001 468 |
| 28 | | 0.013 62 | 0.002 927 | 0.001 496 |

（续表）

| T/℃ | c/mol·L⁻¹ | | | |
| --- | --- | --- | --- | --- |
| | 1.000** | 0.100 0 | 0.020 0 | 0.010 0 |
| 29 | | 0.013 87 | 0.002 981 | 0.001 524 |
| 30 | | 0.014 12 | 0.003 036 | 0.001 552 |
| 35 | | 0.015 39 | 0.003 312 | |
| 36 | | 0.015 64 | 0.003 368 | |

* 电导率单位 S·cm⁻¹。

** 在空气中称取 74.56 g KCl,溶于 18℃水中,稀释到 1 L,其浓度为 1.000 mol·L⁻¹（密度 1.044 9 g·cm⁻³）,再稀释得其他浓度溶液。

# 实验 20　电导滴定法测定食醋中醋酸含量

## 一、实验目的

(1)掌握电导滴定法测定食醋中醋酸含量的方法。

(2)进一步掌握电导率仪的使用。

## 二、实验原理

电导滴定法是根据滴定过程中被滴定溶液电导的变化来确定滴定终点的一种容量分析方法。电解质溶液的电导取决于溶液中离子的种类和浓度。在电导滴定中,由于溶液中离子的种类和浓度发生了变化,因而电导也发生了变化,据此可以确定滴定终点。

食醋中醋酸的含量一般为每 100 mL 3～4 g,此外还含有少量其他弱酸如乳酸等。用氢氧化钠滴定食醋,以电导法指示终点,测定的是食醋中酸的总量,测定结果仍按醋酸含量计算。

用氢氧化钠滴定食醋,滴定开始时,部分高摩尔电导的氢离子被中和,溶液的电导略有下降。随后,由于形成了醋酸-醋酸钠缓冲溶液,氢离子浓度受到控制,随着摩尔电导较小的钠离子浓度逐渐增加,在化学计量点以前,溶液的电导开始缓慢上升。在接近化学计量点时,由于醋酸的水解,使转折点不太明显。化学计量点以后,高摩尔电导的氢氧根离子浓度逐渐增大,溶液的电导迅速上升。作两条电导上升直线的近似延长线,其延长线的交点即为化学计量点。

## 三、仪器及试剂

(1)仪器:DDS-11A 型电导率仪;电导电极;电磁搅拌器;碱式滴定管（25

mL);烧杯(200 mL);移液管(2 mL)。

(2)试剂:0.10 mol·L$^{-1}$NaOH 溶液(用基准邻苯二甲酸氢钾标定其浓度)。

### 四、实验步骤

(1)将 NaOH 标准溶液装入 25 mL 碱式滴定管,并记录读数。

(2)用 2 mL 移液管移取 2.00 mL 食醋于 200 mL 烧杯中,加入 100 mL 去离子水,放入搅拌子,置烧杯于电磁搅拌器上,插入电导电极,开启电磁搅拌器,测量溶液电导。

(3)用 NaOH 标准溶液进行滴定,每加 1.00 mL 测量一次电导率,共测量 20～25 个点。平行测定三份。

### 五、结果处理

(1)绘制滴定曲线,从滴定曲线直线部分的交点求出化学计量点时所消耗 NaOH 标准溶液的体积。

(2)计算每 100 mL 食醋中醋酸的含量。

### 六、思考题

(1)用电导滴定法测定食醋中醋酸的含量与指示剂法相比,有何优点?

(2)如果食醋中含有盐酸,滴定曲线有何变化?

### 参考文献

[1] 方惠群,于俊生,史坚. 仪器分析[M]. 北京:科学出版社,2002.

[2] 华中师范大学,陕西师范大学,东北师范大学. 分析化学(下册)[M]. 北京:高等教育出版社,2001.

[3] 朱明华. 仪器分析[M]. 4 版. 北京:高等教育出版社,2008.

编写人:刘雪静


# 实验 21　玻璃电极响应斜率和溶液 pH 值的测定

### 一、实验目的

(1)掌握用玻璃电极测量溶液 pH 值的基本原理和测量技术。

(2)学会怎样测定玻璃电极的响应斜率,加深对玻璃电极响应特性的了解。

### 二、实验原理

以玻璃电极作指示电极、饱和甘汞电极作参比电极,插入待测溶液中组成原电池:

Ag｜AgCl｜0.1 mol・L$^{-1}$HCl｜玻璃膜｜试液 ‖ 饱和 KCl｜Hg$_2$Cl$_2$｜Hg

在一定条件下,测得电池的电动势 $E$ 和 pH 呈直线关系:

$$E = K + \frac{2.303RT}{F} \text{pH} \tag{1}$$

常数项 $K$ 取决于内外参比电极电位、电极的不对称电位和液体接界电位,因此无法准确测量 $K$ 值,实际上测量 pH 值是采用相对方法:

$$\text{pH}_x = \frac{F}{2.303RT}(E_x - E_s) + \text{pH}_s \tag{2}$$

玻璃电极的响应斜率 $\frac{2.303RT}{F}$ 与温度有关,在一定的温度下应该是定值,25℃时玻璃电极的理论响应斜率为0.059 1。但是玻璃电极的实际响应斜率与理论响应斜率往往有偏差,因此在进行精密测量时,需要用"两点标定法"来校正斜率。

常用的标准缓冲溶液有 0.05 mol・L$^{-1}$邻苯二甲酸氢钾、0.025 mol・L$^{-1}$ KH$_2$PO$_4$-0.025 mol・L$^{-1}$ Na$_2$HPO$_4$ 和 0.01 mol・L$^{-1}$硼砂溶液。其在不同温度下的标准 pH 列于表 SY-8。

表 SY-8　标准缓冲溶液于 0~40℃ 的 pH 值

| 温度 $T$/℃ | 缓冲溶液 | | |
|---|---|---|---|
| | 邻苯二甲酸氢盐标准缓冲溶液(0.05 mol・L$^{-1}$ KHC$_8$H$_4$O$_4$) | 磷酸盐标准缓冲溶液(0.025 mol・L$^{-1}$ KH$_2$PO$_4$-Na$_2$HPO$_4$) | 硼酸盐标准缓冲溶液(0.01 mol・L$^{-1}$ Na$_2$B$_4$O$_7$・10H$_2$O) |
| 0 | 4.01 | 6.98 | 9.46 |
| 5 | 4.00 | 6.95 | 9.39 |
| 10 | 4.00 | 6.92 | 9.33 |
| 15 | 4.00 | 6.90 | 9.28 |
| 20 | 4.00 | 6.88 | 9.23 |
| 25 | 4.00 | 6.86 | 9.18 |
| 30 | 4.01 | 6.85 | 9.14 |
| 35 | 4.02 | 6.84 | 9.10 |
| 40 | 4.03 | 6.84 | 9.07 |

### 三、仪器及试剂

(1)仪器:pHS-3c 型酸度计(或其他型号的酸度计);pH 复合电极或 231 型玻璃电极;232 型饱和甘汞电极;容量瓶(250 mL,3 个);烧杯(50 mL,6 个)。

(2)试剂:0.05 mol·L$^{-1}$ 邻苯二甲酸氢钾标准 pH 缓冲溶液;0.025 mol·L$^{-1}$ KH$_2$PO$_4$-Na$_2$HPO$_4$ 标准缓冲溶液;0.01 mol·L$^{-1}$ 硼砂标准缓冲液;未知 pH 试液(蒸馏水、自来水、工业排放水、食醋、碳酸饮料等)。

### 四、实验步骤

1. 测定玻璃电极的实际响应斜率

小心地在 pH 酸度计上装好 pH 复合电极(或玻璃电极和饱和甘汞电极)。选用仪器的"mV"档,用蒸馏水冲洗电极,并用吸水纸吸干。然后将表 SY-8 所列(3)号标准缓冲液倒入 50 mL 烧杯中,插入电极,注意勿使电极与杯底杯壁相碰。待仪器显示的电位值稳定时,读取毫伏值并记录在表 SY-9 中。从溶液中提起电极,用蒸馏水冲洗干净并吸干。用同样方法再测量标准缓冲溶液(2)和(1)的毫伏值,用作图法求出玻璃电极的响应斜率。

同上述步骤测量另一支玻璃电极的响应斜率。

2. 一点标定法测量溶液 pH 值

这种方法适合于一般要求,即待测溶液的 pH 值与标准缓冲溶液 pH 值之差小于 3 个 pH 单位的溶液 pH 值的测量。

(1)定位:选用仪器的"pH"档。将温度旋钮置于当前的室温。选择一适当的标准缓冲溶液(若试样呈酸性,应用(1)号标准缓冲液;若试样为碱性,应选用(3)号标准缓冲液)。将电极插入标准缓冲液中,"斜率"旋钮顺时针旋足,调节"定位"旋钮,使数字显示值为该温度下缓冲溶液的标准值。洗净电极并吸干。

(2)测量:将电极置于待测溶液中,待显示数值稳定后记录下 pH 值。取出电极并清洗,按上述方法测量其他样品试液的 pH 值。

3. 二点标定法测量溶液 pH 值

为了获得高准确度的 pH 值,通常用两个标准 pH 缓冲液进行定位校正仪器,并要求待测试液的 pH 值尽可能落在这两个标准溶液的 pH 值之间。

(1)定位:将电极先插入 pH=6.86(25℃)的标准缓冲液中,调"定位"旋钮至仪器显示该标准缓冲液的 pH 值。清洗电极并吸干,将电极置入另一个标准缓冲液(若试样呈酸性,应用(1)号标准缓冲液;若试样为碱性,应选用(3)号标准缓冲液)中,调节"斜率"旋钮(如果仪器没设斜率旋钮,可使用温度补偿旋钮调节),使仪器显示该标准缓冲液的 pH 值。取出电极,冲洗并吸干后,再放入前一个标准缓冲液中,其读数与该溶液的 pH 值相差至多不超过 0.05 pH 单位,表明仪器和玻璃电极的响应特性均良好。如此反复测量、调节几次,才能使测量系统达到最佳状态。

(2)测量:将仪器调定后,将电极置于待测试液中,测其 pH 值。按上述方法测量其他试液的 pH 值并记录数据。测量完毕,将 pH 复合电极取下,冲洗干净后浸泡在 3 mol · L$^{-1}$ KCl 溶液套瓶,放入电极盒(或将玻璃电极取下,冲洗干净后浸泡在蒸馏水中,将甘汞电极取下、洗净、擦干,戴上橡胶帽)。

实验过程中应注意以下事项:

(1)玻璃电极的敏感膜非常薄,易于破碎损坏,因此使用时应注意勿与硬物碰撞,电极上所沾附的水,只能用滤纸或吸水纸轻轻吸去,不得擦拭。

(2)玻璃电极在使用前,必须在蒸馏水或 0.1 mol · L$^{-1}$ HCl 溶液中浸泡一昼夜以上。暂时不用,应将它浸泡在蒸馏水中。

(3)不能用浓硫酸、铬酸洗液、浓酒精洗涤玻璃电极,否则会使电极表面脱水而失去功能。

(4)玻璃电极经长期使用后,会逐渐降低活性及失去 H$^+$ 的响应,称为"老化"。当电极响应斜率低于 52 mV/pH 时,就不宜再使用。

(5)饱和甘汞电极在使用前应将两个橡胶帽取下,补充饱和 KCl 溶液至浸没内部电极,弯管处不应有气泡存在。

### 五、结果处理

(1)以表 SY-9 的标准缓冲溶液的 pH 值为横坐标、测得电位计的"mV"读数为纵坐标作图,从直线斜率计算出玻璃电极的响应斜率,并比较两支电极的性能。

表 SY-9　标准缓冲溶液"mV"测量记录表

| 溶液序号 | pH(25℃) | 1$^\#$电极 电位计读数/mV | 2$^\#$电极 电位计读数/mV |
|---|---|---|---|
| 标准缓冲溶液(1) | 4.00 | | |
| 标准缓冲溶液(2) | 6.86 | | |
| 标准缓冲溶液(3) | 9.18 | | |

(2)列表记录两种方法测量的试样溶液 pH 值结果。

### 六、思考题

(1)pH 酸度计为什么要用标准 pH 缓冲溶液校正? 校正时应注意哪些问题?

(2)使用玻璃电极时,应注意哪些问题?

## 参考文献

[1] 王彤. 仪器分析及实验[M]. 青岛:青岛出版社,2000.

[2] 华中师范大学,等. 分析化学实验[M]. 3 版. 北京:高等教育学出版社,2005.

编写人:张修景

# 实验 22　电位滴定法测定醋酸的浓度和离解常数

## 一、实验目的

(1)掌握用电位滴定法测定 HAc 浓度的原理和方法。

(2)学习测定弱酸离解常数的方法。

(3)掌握电位滴定数据处理的方法。

## 二、实验原理

醋酸(HAc)是一种弱酸,当以标准碱溶液滴定醋酸试液时,在化学计量点附近可以观察到 pH 值的突跃。

以玻璃电极作指示电极、饱和甘汞电极作参比电极,插入待测溶液中组成电池,可用酸度计测量该电池的电动势,并以溶液的 pH 值表示出来。在酸碱滴定过程中,随着滴定剂的不断加入,被测物与滴定剂发生反应,溶液的 pH 值不断变化。由加入滴定剂的体积和测得的相应溶液的 pH 值,可绘制 pH-V 或 $\Delta pH/\Delta V$-V 曲线,由曲线确定滴定的终点,或根据滴定数据,由二级微商法计算出滴定终点。

以 NaOH 标准溶液滴定 HAc 时,反应方程式为

$$HAc + OH^- \Longrightarrow Ac^- + H_2O$$

当 HAc 被 NaOH 滴定了一半时,溶液中[HAc]=[Ac^-]。

由于 HAc 在水溶液中的离解常数 $K_a$ 为

$$K_a = \frac{[H^+][Ac^-]}{[HAc]} \tag{1}$$

因此,当 HAc 被滴定 50% 时溶液的 pH 值等于其 $pK_a$,即

$$K_a = [H^+] \text{或} pK_a = pH \tag{2}$$

可由滴定曲线上查出 $\frac{1}{2}V_{ep}$ 所对应的 pH 值,即可求得醋酸的 $pK_a$。

### 三、仪器及试剂

(1)仪器:ZD-2 型自动电位滴定仪或酸度计；231 型玻璃电极；232 型饱和甘汞电极；100 mL 烧杯；10 mL 刻度移液管；20 mL 滴定管。

(2)试剂:0.10 mol·L$^{-1}$NaOH 溶液(用基准邻苯二甲酸氢钾对其进行标定);醋酸试液(浓度约 0.1 mol·L$^{-1}$);0.05 mol·L$^{-1}$邻苯二甲酸氢钾标准缓冲溶液(20℃,pH=4.00);0.05 mol·L$^{-1}$KH$_2$PO$_4$-0.05 mol·L$^{-1}$Na$_2$HPO$_4$ 标准缓冲溶液(20℃,pH=6.88)。

### 四、实验步骤

(1)按照仪器使用方法调试仪器,选择开关置于 pH 滴定档。摘去饱和甘汞电极的橡皮帽,检查内电极是否浸入饱和 KCl 溶液。如未浸入,应补充饱和 KCl 溶液。将玻璃电极和甘汞电极与仪器相连并安装在电极架上,使饱和甘汞电极稍低于玻璃电极,以防止碰坏玻璃电极薄膜。

(2)将 pH=4.00(20℃)的标准缓冲溶液置于 100 mL 小烧杯中,放入搅拌磁子,并使两支电极浸入标准缓冲溶液中,开动搅拌器,停止搅拌 1 min 后进行酸度计定位,再以 pH=6.88(20℃)的标准缓冲溶液调校斜率,应使所显示 pH 值与测量温度下的缓冲溶液的标准值 pH$_s$ 偏差在±0.05 单位之内。

(3)吸取醋酸试液 10.00 mL 于 100 mL 烧杯中,加水约 30 mL,加入酚酞指示剂 1 滴(用于观察指示剂变色时溶液 pH 值的突跃情况),放入搅拌磁子,插入电极。打开磁力搅拌器,待显示 pH 值稳定后记下试液的 pH 值。将标准 NaOH 溶液装入滴定管,开始滴定。先粗测一次,每加入 1 mL NaOH 溶液,记录一次 pH 值,即测量在加入 NaOH 溶液 0,1,2,3…,8,9,10 mL 时各点的 pH 值。初步判断发生 pH 值突跃时所需 NaOH 的体积范围。然后再按上述操作方法进行细测,即在化学计量点附近每滴入 0.1 mL NaOH 溶液,记录一次 pH 值,以增加测量点的密度。每次滴入的 NaOH 的体积不要求十分严格,但必须按实际加入的体积记录相应的数据,体积应读准至±0.01 mL。超过化学计量点后,每加入 1 mL 标准 NaOH 读一次 pH 值,直至 pH 达到 12.0 左右停止滴定。

(4)用温度计测量试液的温度。

### 五、结果处理

(1)实验数据记录于表 SY-10 和表 SY-11 中。

表 SY-10    粗测实验数据纪录表

| $V_{NaOH}/mL$ | 0 | 1 | 2 | 3 | 4 | 5 | 6 | 7 | 8 | 9 | 10 |
|---|---|---|---|---|---|---|---|---|---|---|---|
| pH 值 | | | | | | | | | | | |

表 SY-11    细测实验数据纪录表                     温度 $T=$_____℃

| $V_{NaOH}/mL$ | |
|---|---|
| pH 值 | |
| $\Delta pH/\Delta V$ | |
| $\Delta^2 pH/\Delta V^2$ | |

(2)绘制 pH-V 和 $\Delta pH/\Delta V$-V 曲线,找出终点体积 $V_{ep}$。

(3)用内插法求出 $\Delta^2 pH/\Delta V^2 = 0$ 处的 NaOH 溶液的体积 $V_{ep}$。

(4)根据 $V_{ep}$ 计算试液中醋酸的浓度,分别以 $mol \cdot L^{-1}$ 和 $g \cdot L^{-1}$ 表示。

(5)在 pH-V 曲线上查出体积相当于 $\frac{1}{2}V_{ep}$ 时的 pH 值,即为该温度下醋酸的 $pK_a$。

## 六、思考题

(1)电位滴定法与指示剂法比较,具有哪些优点?

(2)在滴定过程中,酚酞指示剂变色点是否在 pH 值突跃范围之内?

## 参考文献

[1] 王彤. 仪器分析及实验[M]. 青岛:青岛出版社,2000.

编写人:张修景

# 实验 23    离子选择性电极法测定天然水中的 $F^-$

## 一、实验目的

(1)学习离子选择性电极法测定微量 $F^-$ 的原理和测定方法。

(2)了解总离子强度调节缓冲液(TISAB)的作用及意义。

(3)掌握标准曲线法的实验技术和数据处理的方法。

## 二、实验原理

氟离子选择性电极的敏感膜为 $LaF_3$ 单晶膜(掺有微量 $EuF_2$,利于导电),电极管内放入 $NaF+NaCl$ 混合溶液作为内参比溶液,以 Ag-AgCl 作内参比电极。当将氟电极浸入含 $F^-$ 溶液中时,在其敏感膜内外两侧产生膜电位 $\Delta\varphi_M$:

$$\Delta\varphi_M = K - 0.059\lg a_{F^-} \quad (25℃) \tag{1}$$

以氟电极作指示电极、饱和甘汞电极为参比电极,浸入试液组成工作电池:

$Hg,Hg_2Cl_2 \mid KCl(饱和) \parallel F^-试液 \mid LaF_3 \mid NaF,NaCl(均为 0.1 mol \cdot L^{-1}) \mid AgCl,Ag$

工作电池的电动势:

$$E = K' - 0.059\lg a_{F^-} \quad (25℃) \tag{2}$$

在测量时加入以 HAc,NaAc,柠檬酸钠和大量 NaCl 配制成的总离子强度调节缓冲液(TISAB)。由于加入了高离子强度的溶液(本实验所用的 TISAB 其离子强度 $\mu > 1.2$),可以在测定过程中维持离子强度恒定,因此工作电池电动势与 $F^-$ 浓度的对数呈线性关系:

$$E = k - 0.059\lg c_{F^-} \tag{3}$$

本实验采用标准曲线法测定 $F^-$ 浓度,即配制成不同浓度的 $F^-$ 标准溶液,测定工作电池的电动势,并在同样条件下测得试液的 $E_x$,由 $E$-$\lg c_{F^-}$ 曲线查得未知试液中的 $F^-$ 浓度。当试液组成较为复杂时,则应采取标准加入法或 Gran 作图法测定之。

氟电极的适用酸度范围为 $pH = 5\sim6$,测定浓度在 $10^0 \sim 10^{-6}$ mol $\cdot$ L$^{-1}$ 范围内,$E$ 与 $\lg c_{F^-}$ 呈线性响应,电极的检测下限在 $10^{-7}$ mol $\cdot$ L$^{-1}$ 左右。

## 三、仪器及试剂

(1)仪器:pHS-3c 型酸度计;氟离子选择性电极;饱和甘汞电极;电磁搅拌器;容量瓶(1 000 mL,50 mL);刻度移液管(10 mL);塑料烧杯(100 mL)。

(2)试剂:

1)$F^-$ 标准溶液(0.100 0 mol $\cdot$ L$^{-1}$):准确称取 120℃ 干燥 2 h 并经冷却的分析纯 NaF 4.198 8 g 于小烧杯中,用水溶解后,转移至 1 000 mL 容量瓶中配成水溶液,然后转入洗净、干燥的塑料瓶中。

2)总离子强度调节缓冲液(TISAB):于 1 000 mL 烧杯中加入 500 mL 水和 57 mL 冰醋酸,58 g NaCl,12 g 柠檬酸钠($Na_3C_6H_5O_7 \cdot 2H_2O$),搅拌至溶解。将烧杯置于冷水中,在 pH 计的监测下,缓慢滴加 6 mol $\cdot$ L$^{-1}$ NaOH 溶液,至溶液的 pH=5.0~5.5。冷却至室温,转入 1 000 mL 容量瓶中,用水稀释至刻度,摇匀。转入洗净、干燥的试剂瓶中。

3)F⁻试液:浓度为 0.01～0.1 mol·L⁻¹。

## 四、实验步骤

(1)按 pHS-2 型酸度计操作步骤调试仪器,按下 mV 按键。摘去甘汞电极的橡皮帽,并检查内电极是否浸入饱和 KCl 溶液中,如未浸入,应补充饱和 KCl 溶液。安装电极。

(2)准确吸取 0.100 mol·L⁻¹ F⁻标准溶液 5.00 mL,置于 50 mL 容量瓶中,加入 TISAB 5.00 mL,用水稀释至刻度,摇匀,得 pF=2.00 溶液。

(3)吸取 pF=2.00 溶液 5.00 mL,置于 50 mL 容量瓶中,加入 TISAB 4.50 mL,用水稀释至刻度,摇匀,得 pF=3.00 溶液。

按照上述步骤,配制 pF=4.00,pF=5.00,pF=6.00 溶液。

(4)将配制的标准溶液系列由低浓度到高浓度逐个转入塑料小烧杯中,并放入氟电极和饱和甘汞电极及搅拌磁子,开动搅拌器,调节至适当的搅拌速度,搅拌至指针无明显移动时,读取各溶液的 mV 值。读取时注意使眼睛、指针和镜中的影像三者在一直线上。

如分档开关指向 2,负刻度读数为 0.25,则溶液的 mV 值为(2+0.25)×100=225。

(5)吸取 F⁻试液 5.00 mL,置于 50 mL 容量瓶中,加入 5.00 mLTISAB,用水稀释至刻度,摇匀。按标准溶液的测定步骤,测定其电位 $E_x$ 值。

## 五、结果处理

(1)实验数据记录于表 SY-12 中。

**表 SY-12　实验数据记录表**

| pF 值 | 6.00 | 5.00 | 4.00 | 3.00 | 2.00 | $x$ |
|-------|------|------|------|------|------|-----|
| $E$/mV | | | | | | $E_x$ |

(2)以电位 $E$ 值为纵坐标、pF 值为横坐标,绘制 $E$-pF 标准曲线。

(3)在标准曲线上找出与 $E_x$ 值相应的 pF 值,求得原始试液中 F⁻的含量,以 g·L⁻¹ 表示。

## 六、思考题

(1)本实验测定的是 F⁻的活度,还是浓度?为什么?

(2)测定 F⁻时,加入的 TISAB 由哪些成分组成?各起什么作用?

(3)测定 F⁻时,为什么要控制酸度,pH 值过高或过低有何影响?

(4)测定标准溶液系列时,为什么按从稀到浓的顺序进行?

**参考文献**

[1] 王彤. 仪器分析及实验[M]. 青岛:青岛出版社,2000.
[2] 华中师大,等. 分析化学实验[M]. 3 版. 北京:高等教育学出版社,2005.

编写人:张修景

## 实验 24　电位滴定法测定混合液中 I⁻,Br⁻ 的含量

### 一、实验目的

(1)熟悉电位滴定法的基本原理和实验操作方法。

(2)掌握电位滴定的数据处理方法。

### 二、实验原理

电位滴定法是一种用电位确定终点的滴定法。进行电位滴定时,在待测溶液中插入一个指示电极和一个参比电极组成工作电池,随着滴定剂的不断加入,由于发生化学反应,待测离子浓度会不断变化,指示电极电位也发生相应变化,而在化学计量点附近发生电位突跃,因此测量电池电动势的变化,就可以确定滴定终点。

本实验采用 $AgNO_3$ 标准溶液为滴定剂,银电极为指示电极,饱和甘汞电极为参比电极,滴定反应为

$$Ag^+ + I^- \mathop{=\!\!=\!\!=} AgI\downarrow$$

滴定过程中,电池电动势可以根据 Nernst 方程式计算。

化学计量点前银电极的电极电位:

$$\varphi_{AgI/Ag} = \varphi^{\ominus}_{AgI/Ag} - 0.059\lg[I^-] \tag{1}$$

$$\varphi^{\ominus}_{AgI/Ag} = -0.150\ V \tag{2}$$

化学计量点时:$[Ag^+] = [I^-]$,根据溶度积常数可求出$[I^-]$,由此可计算出银电极的电位。

化学计量点后银电极的电位:

$$\varphi_{AgI/Ag} = \varphi^{\ominus}_{Ag^+/Ag} + 0.059\lg[Ag^+] \tag{3}$$

$$\varphi^{\ominus}_{Ag^+/Ag} = +0.80\ V \tag{4}$$

所以化学计量点前后银电极的电位有明显突跃,电池电动势 $E = \varphi_{SCE} - \varphi_{AgI/Ag}(\varphi_{SCE} = +0.24\ V)$ 也会有明显突跃。

在测定 $I^-$，$Br^-$ 混合物时，先生成 $AgI$（$K_{sp}=8.3\times10^{-17}$）沉淀，再生成 $AgBr$（$K_{sp}=5.2\times10^{-13}$）沉淀，所以会产生两次突跃。

### 三、仪器及试剂

(1)仪器：pH 酸度计；217 型双盐桥饱和甘汞电极；银电极；棕色酸式滴定管（50 mL，1 支）；烧杯（100 mL，6 个）；刻度移液管（5 mL，2 支）；洗耳球 1 个。

(2)试剂：0.10 mol·$L^{-1}$ $AgNO_3$ 溶液（用基准 NaCl 标定其浓度）；含 NaI 的未知液 I；含 NaI 和 NaBr 的未知液 II。

### 四、实验步骤

(1)将仪器的测量部分与滴定装置连接好。

(2)在 100 mL 烧杯中准确加入未知液 I 5.00 mL，加水约 40 mL，放入搅拌磁子，开动搅拌器。

(3)将银电极和饱和甘汞电极分别接在仪器上，并插入溶液中。用 $AgNO_3$ 标准溶液进行滴定，先粗滴一次，每加 1 mL 记一次电位值，观察电势突跃，记下消耗 $AgNO_3$ 的体积。

(4)按照(2)、(3)步骤另取一份未知液 I 正式滴定，开始时每加 1.00 mL 记录一次数据，电势突跃前后 1 mL 时，每加 0.10 mL 便记一个数，过化学计量点后再加 0.50 mL 或 1.00 mL 记一个数。

(5)取未知液 II 5.00 mL 按照上述步骤操作，记录数据。

### 五、结果处理

(1)按表 SY-13 格式逐项计算。

**表 SY-13　实验数据记录表**

| $AgNO_3$ 体积 /mL | 电动势 /mV | $\Delta E$ | $\Delta V$ | $\Delta E/\Delta V$ | 平均体积 /mL | $\Delta(\Delta E/\Delta V)$ | $\Delta^2 E/\Delta^2 V$ | 平均体积 /mL |
|---|---|---|---|---|---|---|---|---|
| | | | | | | | | |

(2)作 $E$-$V$ 曲线或 $\Delta E/\Delta V$-$V$ 曲线、$\Delta^2 E/\Delta^2 V$-$V$ 曲线。

(3)由图查得 $V_{ep}$ 后，计算出未知液 I 中 KI 的浓度。

(4)同样的方法计算出混合液 II 中 KI 和 KBr 的浓度。

### 六、思考题

(1)如果试液中 $Br^-$ 和 $I^-$ 的浓度相同，当 AgBr 开始沉淀时，$I^-$ 还有百分之几没有沉淀？

（2）根据电位滴定的结果，能否计算 AgBr 和 AgI 的溶度积常数？如何计算？

## 参考文献

[1] 王彤. 仪器分析及实验[M]. 青岛：青岛出版社，2000.
[2] 曾泳淮. 仪器分析[M]. 北京：高等教育出版社，2004.

编写人：张修景

# 实验 25　库仑滴定法测定砷的含量

## 一、实验目的

（1）学习库仑滴定法和永停法指示终点的基本原理。

（2）学会库仑滴定的基本操作技术。

（3）掌握库仑滴定法测定砷的实验方法。

## 二、实验原理

砷是一种重要的环境污染物，对人体健康危害十分严重，因此，对砷的测定具有非常重要的意义。本实验是在弱碱性条件下，恒电流电解 KI 产生 $I_2$ 与 $AsO_3^{3-}$ 反应，工作电极上发生下列电化学反应：

$$2H_2O + 2e \Longrightarrow H_2\uparrow + 2OH^- （阴极）$$

$$3I^- - 2e \Longrightarrow I_3^- （阳极）$$

工作阴极置于隔离室内，隔离室底部有一微孔玻璃砂，以保持隔离室内外电路通畅，还可以避免阴极产生的 $H_2$ 返回阳极而干扰 $I_2$ 的产生。阳极产生的 $I_2$ 立即与 $AsO_3^{3-}$ 发生滴定反应：

$$I_3^- + AsO_3^{3-} + H_2O \Longrightarrow AsO_4^{3-} + 2H^+ + 3I^-$$

为了使电流效率达 100％，要求电解液的 pH 值小于 9，要使三价砷完全氧化到五价砷，电解液的 pH 值又要大于 7。为此，本实验用碳酸氢钠调节电解液的酸度，以满足测定所需。

滴定终点用永停终点法来指示，在指示电极的双铂片上加一个较低的电压，终点前，由于溶液中没有过量的碘存在，阴极处于理想化状态，通过的电流很小，终点后，溶液中有了过量的碘，指示电极上便发生下列反应：

阳极:$3I^- \longrightarrow I_3^- + 2e$

阴极:$I_3^- + 2e \longrightarrow 3I^-$

此时,指示电极的电流突然增大,指示到达终点。

### 三、仪器及试剂

(1)仪器:KLT-1 型通用库仑仪;库仑池;电磁搅拌器;聚四氟乙烯搅拌磁子;台秤;量筒。

(2)试剂:碘化钾;碳酸氢钠;亚砷酸溶液(浓度约 $5 \times 10^{-3}$ mol·$L^{-1}$);浓硝酸。

### 四、实验步骤

1. 清洗电极

将铂电极浸入浓硝酸中,几分钟后取出,用二次水洗净。

2. 调节仪器,连接导线

将所有按键全部弹起,打开电源。将"量程选择"旋钮置于 10 mA,"补偿极化电位"调至长针指向 4 左右,"工作/停止"开关置于"工作"状态,按下"电流"和"上升"键,再同时按下"极化电位"和"启动"键,微安表的示数应小于 20 $\mu A$,如果较大,调节"补偿极化电位"旋钮,使其达到要求。预热 30 min。

电解阳极导线(红色)接库仑池的双铂片电极,阴极导线(黑色)接铂丝电极,将"工作/停止"开关置于"停止"状态,指示电极两个夹子分别接在指示线路的两个独立的铂片电极上。

3. 电解液的配制

用台秤粗略称取 5.4 g KI,0.1 g $NaHCO_3$ 置于库仑池中,加二次水约 60 mL,搅拌至完全溶解。用胶头滴管吸取少量电解液注入铂丝电极的隔离管内,并使液面高于库仑池的液面。

4. 定量测定

准确移取 1.00 mL 澄清试液于库仑池中,搅拌均匀,在不断搅拌下重新按下启动键,将"停止/工作"开关置于"工作"状态,按一下"电解"开关,进行电解滴定,电解到终点时指示灯亮,电解自动停止,记录库仑仪的示数,单位为毫库仑。将"工作/停止"开关置于"停止"状态,弹起"启动"键,显示数码自动回零。重复实验 2～3 次,每次测定前须首先加入 1.00 mL 试液,不必更换电解液,也不必清洗电极。

5. 复原仪器

将所有按键弹起,关闭电源,洗净库仑池,存放备用。

### 五、结果处理

**表 SY-14　实验数据记录表**

| 平行实验 | 1 | 2 | 3 | 4 |
|---|---|---|---|---|
| $V_s$/mL | | | | |
| $Q$/mC | | | | |
| [As]/(mg·L$^{-1}$) | | | | |
| 相对偏差 | | | | |
| 平均[As]/(mg·L$^{-1}$) | | | | |

计算公式为

$$[As] = \frac{A_{rAs}Q}{2FV_s} \times 10^3$$

式中,[As]为 As 的浓度(mg·L$^{-1}$);$A_{rAs}$为 As 的相对原子质量;$Q$为电解消耗的电量(mC);$F$为法拉第常数($F=96\ 485\ C·mol^{-1}$);$V_s$为加入试液的体积(mL)。

### 六、思考题

(1)写出电解反应、滴定反应和终点指示电极上的电极反应。

(2)配制电解液的过程中,为什么要加入 $NaHCO_3$?

(3)该滴定反应能否在酸性介质中进行?

(4)若 KI 被空气氧化,对于测定结果什么影响? 如何消除这种影响?

(5)在重复测定时,为什么不必更换电解液,也不必清洗电极?

### 参考文献

[1] 刘道杰. 大学实验化学[M]. 青岛:青岛海洋大学出版社,2000.

[2] 武汉大学化学与分子科学学院实验中心. 仪器分析实验[M]. 武汉:武汉大学出版社,2005.

[3] 陈培榕,李景虹,邓勃. 现代仪器分析实验与技术[M]. 北京:清华大学出版社,2006.

编写人:李爱峰　宋兴良

验证人:李爱峰

# 实验 26 库仑滴定法测定维生素 C 的含量

## 一、实验目的

(1)掌握库仑滴定法和永停法指示终点的基本原理。

(2)学会库仑滴定的基本操作技术。

(3)掌握库仑滴定法测定维生素 C 的实验方法。

## 二、实验原理

维生素 C 又称丙种维生素,用于预防和治疗坏血病,因此又称为抗坏血酸,分子式为 $C_6H_8O_6$,相对分子质量为 176.13。由于其分子中的烯二醇基具有还原性,能被 $I_2$ 定量地氧化为二酮基,故可用直接碘量法测定其含量,反应如下:

本实验采用 KI 为支持电解质,在酸性环境下恒电流电解,电解的阳极上发生氧化反应:$3I^- - 2e \longrightarrow I_3^-$,电解的阴极上发生还原反应:$2H_2O + 2e \longrightarrow H_2 \uparrow + 2OH^-$。

阳极所生成的 $I_2$ 和溶液中的 Vc 发生氧化还原反应:

$$I_2 + Vc \longrightarrow Vc' + 2I^-$$

滴定终点用永停终点法来指示,在指示电极的两个铂片电极上加一个较低的电压(如 50 mV),在化学计量点以前,由于溶液中只存在 Vc,Vc' 和 $I^-$,而 Vc/Vc' 是一对不可逆电对,在指示电极上较小的极化电压下不发生电极反应,所以指示回路上电流几乎为零;但当溶液中 Vc 完全反应后,稍过量的 $I_2$ 使溶液中有了可逆电对 $I_2/I^-$。$I_2/I^-$ 电对在指示电极上发生反应,指示回路上电流升高,指示终点到达。记录电解过程中所消耗的电量,按法拉第定律关系,就可算出产生 $I_2$ 的物质的量,根据 $I_2$ 与 Vc 反应的计量关系,就可求出 Vc 的含量。

维生素 C 的还原性很强,在空气中极易被氧化,尤其在碱性介质中更甚,因此在测定时要加入稀盐酸以减少副反应。

### 三、仪器及试剂

(1)仪器:KLT-1 型通用库仑仪;库仑池;电磁搅拌器;万分之一电子天平;台秤;聚四氟乙烯搅拌磁子;量筒;棕色容量瓶(50 mL);烧杯。

(2)试剂:盐酸(0.1 mol·L$^{-1}$);氯化钠(0.1 mol·L$^{-1}$);碘化钾(2 mol·L$^{-1}$);浓硝酸;市售维生素 C 药片。

### 四、实验步骤

1.清洗电极

将铂电极浸入浓硝酸中,几分钟后取出,用二次水洗净。

2.调节仪器,连接导线

见实验 24 的相关内容。

3.试液的配制

取市售维生素 C 一片,准确称重,用 5 mL 0.1 mol·L$^{-1}$ HCl 溶解,定量转移至 50 mL 棕色容量瓶中,以 0.1 mol·L$^{-1}$ NaCl 溶液清洗烧杯,并用之稀释至刻度,摇匀,放置至澄清,备用。

4.电解液的配制

取 5 mL 2 mol·L$^{-1}$ KI 溶液和 10 mL 0.1mol·L$^{-1}$ HCl 溶液置于库仑池中,用二次蒸馏水稀释至约 60 mL,置于电磁搅拌器上搅拌均匀。用胶头滴管吸取少量电解液注入铂丝电极的隔离管内,并使液面高于库仑池的液面。

5.校正终点

滴入数滴 Vc 试液于库仑池内,启动电磁搅拌器,按下"启动"键,将"停止/工作"开关置于"工作"状态,按一下"电解"开关,终点指示灯灭,电解开始。电解到终点时指示灯亮,电解自动停止,不必记录库仑仪的示数,将"工作/停止"开关置于"停止"状态,弹起"启动"键,显示数码自动回零。

6.定量测定

准确移取 0.50 mL 澄清试液于库仑池中,搅拌均匀,在不断搅拌下进行电解滴定,电解到终点时指示灯亮,记录库仑仪示数,单位为毫库仑。重复实验 2~3 次。

7.复原仪器

将所有按键弹起,关闭电源,洗净库仑池,存放备用。

## 五、结果处理

表 SY-15　实验数据记示表

$m_s=$ _____ mg

| 平行实验 | 1 | 2 | 3 | 4 |
|---|---|---|---|---|
| $V_s$/mL | | | | |
| $Q$/mC | | | | |
| $w_{Vc}$/% | | | | |
| 相对偏差 | | | | |
| 平均 $w_{Vc}$/% | | | | |

计算公式为

$$w_{Vc}=\frac{M_{rVc}Q}{2Fm_s}\times\frac{50.00}{0.50}\times100\%$$

式中,$w_{Vc}$ 为 Vc 药片中 Vc 的百分含量(%);$M_{rVc}$ 为 Vc 的相对分子质量;$Q$ 为电解消耗的电量(mC);$F$ 为法拉第常数($F=96\,485$ C·mol$^{-1}$);$m_s$ 为 Vc 药片的质量(mg)。

### 六、思考题

(1)库仑滴定的前提条件是什么?

(2)配制维生素 C 试液的过程中,为什么要加入 HCl?

(3)为什么要进行终点校正?

(4)该滴定反应能否在碱性介质中进行?

参考文献

[1] 张晓丽,山东大学,山东师范大学,等. 仪器分析实验[M]. 北京:化学工业出版社,2006.

编写人:李爱峰　宋兴良<br>验证人:李爱峰

# 实验 27　电重量法测定溶液中铜和锡的含量

## 一、实验目的

(1)掌握控制阴极电位电解分析法的原理及实验操作技术。

(2)学习控制阴极电位电重量法测定铜和锡的方法。

## 二、实验原理

电解分析法进行计量的依据是电解析出物质的质量。因此,电解析出物质是否纯净和是否完全析出是影响测定结果准确度的关键。当电解某种金属离子使其电解析出时,共存离子有无干扰则取决于被测组分与共存物质析出电位相差的大小。析出电位是判断一定条件下能否应用电解分析法对某种组分进行测定或分离的重要参数,而被测组分与共存物质的浓度以及它们在电极反应中的电子转移数都对析出电位有影响。一般来说,电解时要使两种共存的二价离子达到分离,析出电位相差应在 0.15 V 以上;对于两种共存的一价离子,析出电位相差应在 0.30 V 以上。

在含 1 mol·$L^{-1}$ HCl 的 $Cu^{2+}$,$Sn^{2+}$ 混合溶液中,由于 Cu 的析出电位较 Sn 的析出电位更正,所以 $Cu^{2+}$ 应在铂阴极上先析出。通过计算,控制阴极电位于 $-0.35\sim-0.40$ V(vs. SCE)之间,可以使 $Cu^{2+}$ 定量地析出而 $Sn^{2+}$ 不干扰。当 $Cu^{2+}$ 电解完全后,将 pH 调至 3,阴极电位调至 $-0.6$ V,再定量电解析出 Sn,通过称量电解前后阴极重量的变化,可以分别计算溶液中 $Cu^{2+}$,$Sn^{2+}$ 的含量。

## 三、仪器及试剂

(1)仪器:自动控制电位电解装置;铂电极;饱和甘汞电极;电磁搅拌器;烧杯;万分之一电子天平;pH 计;恒温干燥箱;加热装置。

(2)试剂:4 mol·$L^{-1}$ HCl;5 mol·$L^{-1}$ NaOH;盐酸羟胺;无水乙醇;含 $Cu^{2+}$,$Sn^{2+}$ 的试样溶液。

## 四、实验步骤

1.清洗铂电极、准确称重

将实验用的铂电极先后用水和无水乙醇洗净后,置于恒温干燥箱中于 80℃ 下干燥 5 min。取出,冷却、称重($m_0$,g)。

2.电解液的准备

准确移取含 $Cu^{2+}$,$Sn^{2+}$ 的试样溶液 50.00 mL,置于电解烧杯中,加盐酸羟胺 2 g 和 4 mol·$L^{-1}$ HCl 17 mL,静置加热 10 min。

3.测定

将自动控制电解装置连接好,设定阴极电位为 $-0.36$V,在强搅拌下电解,当电解电流降至 $5\sim10$ mA 时取出铂电极,先后用水和无水乙醇洗净后,置于恒温干燥箱中于 80℃ 下干燥 5 min。取出,冷却、称重($m_1$,g),计算析出 Cu 的质量。

用 NaOH 将电解液的 pH 调节到 3.0,仍用析出铜的铂电极,设定阴极电位为 -0.6 V,电解至电流降至 5~10 mA 时取出铂电极,先后用水和无水乙醇洗净后,置于恒温干燥箱中于 80℃下干燥 5 min。取出,冷却、称重($m_2$,g),计算析出 Sn 的质量。重复测定 2~3 次。

## 五、结果处理

表 SY-16 实验数据记录表

| 平行实验 | 1 | 2 | 3 |
|---|---|---|---|
| $V_s$/mL | 50.00 | 50.00 | 50.00 |
| $m_0$/g | | | |
| $m_1$/g | | | |
| $m_2$/g | | | |
| $[Cu^{2+}]$/(mg·L$^{-1}$) | | | |
| 平均$[Cu^{2+}]$/(mg·L$^{-1}$) | | | |
| $[Sn^{2+}]$/(mg·L$^{-1}$) | | | |
| 平均$[Sn^{2+}]$/(mg·L$^{-1}$) | | | |

$$[Cu^{2+}] = \frac{(m_1 - m_0)A_{rCu} \times 10^6}{V_s}$$

$$[Sn^{2+}] = \frac{(m_2 - m_1)A_{rSn} \times 10^6}{V_s}$$

式中,$[Cu^{2+}]$,$[Sn^{2+}]$分别为 $Cu^{2+}$,$Sn^{2+}$ 的浓度(mg·L$^{-1}$);$m_0$ 为铂电极的质量(g);$m_1$ 为 Cu 析出后铂电极的质量(g);$m_2$ 为 Sn 析出后铂电极的质量(g);$A_{rCu}$,$A_{rSn}$分别为 Cu,Sn 的相对原子质量;$V_s$ 为试液的体积(mL)。

## 六、思考题

(1)在进行电重量分析时,有时需向电解液中加入配合剂,增强选择性并控制电流密度,试分析其作用原理。

(2)如果试液的组成为 $1 \times 10^{-2}$ mol·L$^{-1}$ Ag$^+$ 和 2 mol·L$^{-1}$ Cu$^{2+}$,在进行电重量分析时铂电极的电位需要控制在多大范围内,可以使 Ag$^+$ 完全析出而 Cu$^{2+}$ 不干扰?

参考文献

[1] 陈培榕,李景虹,邓勃. 现代仪器分析实验与技术[M]. 北京:清华大学出版社,2006.

编写人:李爱峰　宋兴良

验证人:李爱峰

# 实验 28　单扫描示波极谱法测定铅和镉

## 一、实验目的

(1)掌握单扫描极谱法的原理。

(2)掌握极谱分析的定量方法。

(3)学习用单扫描极谱法测定铅和镉。

## 二、实验原理

单扫描极谱法是在一个汞滴生命的最后 2 s,即当汞滴的面积基本保持恒定时,给滴汞电极施加一个随时间变化的线性电压,同时用示波器观察电流随电位的变化,电流随电位变化的 $i$-$E$ 曲线直接从示波管荧光屏上显示出来。由于单扫描极谱加在滴汞电极上的电压变化速度快,电极附近待测物的浓度急剧降低,扩散层厚度随之逐渐增大,溶液主体中的可还原物质又来不及扩散到电极上,因此峰电流急剧下降,出现了平滑的尖峰。

在一定的实验条件下,峰电流与被测物质的浓度成正比,即 $i_p = Kc$,这是单扫描极谱法定量研究的理论依据。

铅和镉等重金属元素对于人和动物的许多器官都有严重的毒副作用,因此目前 $Pb^{2+}$ 和 $Cd^{2+}$ 的检测是水质研究中的热门问题之一。工业废水中 $Pb^{2+}$ 和 $Cd^{2+}$ 排放浓度分别不能超过为 $1.0$ mg·$L^{-1}$ 和 $0.1$ mg·$L^{-1}$。

## 三、仪器及试剂

(1)仪器:JP-2A 型或 JP-1A 示波极谱仪。

(2)试剂:$1.0 \times 10^{-3}$ mol·$L^{-1}$ $Pb^{2+}$ 标准溶液,用分析纯试剂 $Pb(NO_3)_2$ 配制;$1.0 \times 10^{-3}$ mol·$L^{-1}$ $Cd^{2+}$ 标准溶液,用分析纯试剂 $Cd(NO_3)_2$ 配制;4 mol·$L^{-1}$ 盐酸;5 g·$L^{-1}$ 明胶溶液。

### 四、实验步骤

(1)准确吸取用滤纸过滤的含 $Pb^{2+}$ 和 $Cd^{2+}$ 水样 25.00 mL 于 50 mL 容量瓶中,加入 15 mL 4 mol · $L^{-1}$ 盐酸溶液,1.00 mL 5 g · $L^{-1}$ 明胶溶液。用蒸馏水稀释至刻度,备用。

(2)吸取上述溶液 5.00 mL 于 10.00 mL 小烧杯中,以 $-0.3$ V 为起始电位于示波极谱仪上测量铅和镉的阴极导数极谱波,从极谱图上读出 $Pb^{2+}$ 和 $Cd^{2+}$ 相对应的波高。

(3)在上述测量溶液中,分别加入 $1.0 \times 10^{-3}$ mol · $L^{-1}$ $Pb^{2+}$ 和 $Cd^{2+}$ 的标准溶液各 0.15 mL,搅匀后同操作(2),测量 $Pb^{2+}$ 和 $Cd^{2+}$ 对应的波高。

### 五、结果处理

根据标准加入法公式: $c_x = \dfrac{c_s V_s h}{(V_x + V_s)H - h V_x}$ 计算水中铅和镉的浓度。式中, $c_x$ 为被测物质在试液中的浓度, $V_x$ 为试液的体积; $c_s$ 为加入标准溶液的浓度; $V_s$ 为加入标准溶液的体积; $h$ 和 $H$ 分别为加入标准溶液前后的峰高。

### 六、思考题

(1)比较单扫描极谱法和经典极谱法的异同点。

(2)单扫描极谱法在测定中为什么不需要除氧?

### 参考文献

[1] 华中师范大学,等. 分析化学实验[M]. 3 版. 北京:高等教育出版社,2001.

编写人:翟秀荣

# 实验 29  单扫描极谱法测定汽水中糖精钠的含量

### 一、实验目的

学习用单扫描极谱法测定汽水中糖精钠的含量。

### 二、实验原理

单扫描极谱法加在滴汞电极上的电压变化速度快,极谱图可出现平滑的尖峰。在一定的实验条件下,峰电流与被测物质的浓度成正比,即 $i_p = Kc$ 。单扫描极谱法的测定具有灵敏度高、操作简便、分析快速等特点。

糖精钠为化学合成的食品添加剂,常作为甜味剂广泛使用于食品中。长期过量摄入糖精钠有害于身体健康,因此世界各国均对它在食品中的最大使用量及使用范围制定严格的限制标准。糖精钠在 pH 值为 8.5 底液($0.1\ mol \cdot L^{-1}$ $NH_3$-$NH_4Cl$)中,单扫描极谱波峰电位为 $-1.76\ V$(vs. SCE)。苯甲酸、柠檬酸钠、色素、蔗糖、各种香精在超过国家标准规定情况下,均对糖精钠的单扫描极谱测定不产生干扰。

### 三、仪器及试剂

(1)仪器:JP-1A 型示波极谱仪;三电极体系:滴汞电极、铂丝电极和饱和甘汞电极。

(2)试剂:$0.10\ mol \cdot L^{-1}$ 糖精钠贮备液;底液:$0.1\ mol \cdot L^{-1}$ $NH_3$-$NH_4Cl$(pH 值为8.5)。

### 四、实验步骤

(1)取 5.00 mL 底液于 10.00 mL 小烧杯中,用微量注射器分别注入 1,2, 5,10,20,40,60,80 和 100 $\mu L$ $0.10\ mol \cdot L^{-1}$ 糖精钠贮备液,搅匀后作单扫描极谱图。糖精钠在 pH 值为 8.5 底液($0.1\ mol \cdot L^{-1}$ $NH_3$-$NH_4Cl$)中,单扫描极谱波峰电位为 $-1.76\ V$(vs. SCE),从极谱图上分别读出不同浓度糖精钠相对应的波高。

(2)取 5.00 mL 底液于 10.00 mL 小烧杯中,根据汽水中糖精钠的含量加入适量的汽水样品,搅匀后,操作同(1)。

### 五、结果处理

(1)绘制峰高与糖精钠标准溶液浓度的标准曲线,并确定线性范围。

(2)根据标准曲线计算汽水中糖精钠的浓度,以 $mol \cdot L^{-1}$ 表示。

### 六、思考题

糖精钠为什么可以用单扫描极谱法准确测定?

## 参考文献

[1] 于桂荣,刘再新,苗革新,许宏鼎. 示波极谱法测定汽水中糖精钠[J]. 吉林大学自然科学学报,1992,2:112.

编写人:翟秀荣

## 实验 30　循环伏安法研究电极过程的可逆性

### 一、实验目的

(1)掌握用循环伏安法判断电极过程可逆性的实验方法。

(2)学会测量峰电流和峰电位。

### 二、实验原理

循环伏安法与单扫描极谱法相似。在电极上施加线形扫描电压,当到达某设定的终止电压后,再反向回扫至某设定的起始电压。若溶液中存在氧化态 O,电压负向扫描时,电极上将发生还原反应:$O+ne^- \rightleftharpoons R$,反向回扫时,电极上生成的还原态 R 将发生氧化反应:$R \rightleftharpoons O+ne^-$。峰电流可表示为:$i_p = Kn^{3/2}D^{1/2}q_m^{2/3}t^{2/3}v^{1/2}c$,其峰电流与扫描速率 $v$、被测物质浓度 $c$ 等因素有关。

从循环伏安图可确定氧化峰峰电流 $i_{pa}$ 和还原峰峰电流 $i_{pc}$、氧化峰峰电位 $E_{pa}$ 和还原峰峰电位值 $E_{pc}$。

对于可逆体系,循环伏安图的上下两条曲线是对称的,氧化峰峰电流和还原峰峰电流之比:$i_{pa}/i_{pc}=1$,氧化峰峰电位与还原峰峰电位之差:$\Delta E_p = E_{pa} - E_{pc} \approx 0.058/n$ (V)。

因此,由上述两式可判断电极过程的可逆性。

### 三、仪器及试剂

(1)仪器:XJP-821 型新型极谱仪或 CHI660C 电化学工作站;三电极体系:金圆盘电极、铂丝电极和 Ag/AgCl 电极(参比液为 3 mol·$L^{-1}$ KCl)。

(2)试剂:$K_3Fe(CN)_6$ 溶液:$5 \times 10^{-2}$ mol·$L^{-1}$ $K_3Fe(CN)_6$ + 0.10 mol·$L^{-1}$ KCl。

### 四、实验步骤

1. 金圆盘电极的预处理

金圆盘电极分别用 0.3 和 0.05 μm 的三氧化二铝粉在麂皮上将电极表面抛光,然后依次在蒸馏水和无水乙醇中各超声洗涤 10 min。

2. $K_3Fe(CN)_6$ 溶液的循环伏安图

取 5 mL 0.05 mol·$L^{-1}$ $K_3Fe(CN)_6$ 溶液于 10.00 mL 小烧杯中,插入金圆盘电极、铂丝电极和 Ag/AgCl 电极(3 mol·$L^{-1}$ KCl),通 $N_2$ 除 $O_2$。

以扫描速率 50 mV·$s^{-1}$,从 −0.20～+0.60 V 扫描,记录循环伏安图。

以不同扫描速率:25,75,100,125 和 150 mV·$s^{-1}$,分别记录从 −0.20～

＋0.60 V扫描的循环伏安图。

3.不同浓度的 $K_3Fe(CN)_6$ 溶液的循环伏安图

以 50 mV·s$^{-1}$ 扫描速率,从 $-0.20\sim+0.60$ V扫描,分别记录 $1\times10^{-4}$, $1\times10^{-3}$,$1\times10^{-2}$和 $5\times10^{-2}$ mol·L$^{-1}$ $K_3Fe(CN)_6+0.10$ mol·L$^{-1}$ KCl溶液的循环伏安图。

### 五、结果处理

(1)从 $K_3Fe(CN)_6$ 溶液的循环伏安图测定 $i_{pa}$,$i_{pc}$ 和 $E_{pa}$,$E_{pc}$ 值。

(2)分别以 $i_{pa}$ 和 $i_{pc}$ 对 $v^{1/2}$ 作图,说明峰电流与扫描速率间的关系。

(3)分别以 $i_{pa}$ 和 $i_{pc}$ 对 $c$ 作图,说明峰电流与 $K_3Fe(CN)_6$ 浓度间的关系。

(4)计算 $i_{pa}/i_{pc}$ 值和 $\Delta E_p$ 值。

(5)从实验过程说明 $K_3Fe(CN)_6$ 在 KCl 溶液中伏安过程的可逆性。

### 六、思考题

(1)解释 $K_3Fe(CN)_6$ 溶液的循环伏安图形状。

(2)如何用循环伏安法来判断电极过程的可逆性。

## 参考文献

[1] 张剑荣,戚苓,方惠群. 仪器分析实验[M]. 北京:科学出版社,1999.

编写人:翟秀荣

## 实验 31　阳极溶出伏安法测定工业废水中的铜和铅

### 一、实验目的

(1)掌握阳极溶出伏安法的基本原理。

(2)学习用阳极溶出伏安法测定工业废水中的铜和铅。

### 二、实验原理

阳极溶出伏安法是一种将富集和溶出测定结合在一起的电化学方法。它首先将工作电极固定在产生极限电流的电位进行电解,使被测物质富集在电极上,然后反方向改变电位,让富集在电极上的物质重新溶出。溶出过程中,可以得到一种尖峰形状的伏安曲线,根据伏安曲线的峰高,即溶出电流的大小来确定待测离子的浓度。在一定的条件下,峰电流与溶液中的金属离子的浓度成正比,这是阳极溶出法的定量依据。由于不同的金属离子在同一底液中具有不同的峰电位,因此可根据峰电位进行定性分析。

峰电流的大小与预电解时间、预电解时溶液的搅拌速度、预电解电位、工作电极以及溶出的方式有关。为了获得再现性较好的结果,实验时必须严格控制实验条件。

阳极溶出伏安法操作简便快速、灵敏度高、准确度好、线性范围宽,因此非常适用于测定痕量的金属离子。$Cu^{2+}$ 和 $Pb^{2+}$ 等重金属离子对于人类和动植物的器官包括神经、免疫、生殖和胃肠系统等都具有较强的毒副作用,因此,目前对 $Cu^{2+}$ 和 $Pb^{2+}$ 的测定受到了广泛的关注。本实验采用方波阳极溶出伏安法测定工业废水水样中的 $Cu^{2+}$ 和 $Pb^{2+}$。$Cu^{2+}$ 和 $Pb^{2+}$ 在底液(10 mmol·$L^{-1}$ $HNO_3$ + 0.1 mol·$L^{-1}$ NaCl)中的溶出电位分别为 0.32 V 和 −0.11 V (vs. Ag/AgCl 电极,参比液为 3 mol·$L^{-1}$ KCl)。

### 三、仪器及试剂

(1)仪器:XJP-821 型新型极谱仪或 CHI660C 电化学工作站;三电极体系:金圆盘电极、铂丝电极和 Ag/AgCl 电极(参比液为 3 mol·$L^{-1}$ KCl);电磁搅拌器。

(2)试剂:$1.0×10^{-5}$ mg·$mL^{-1}$ $Pb^{2+}$ 标准溶液,用分析纯试剂 $Pb(NO_3)_2$ 配制;$1.0×10^{-5}$ mg·$mL^{-1}$ $Cu^{2+}$ 标准溶液,用分析纯试剂 $Cu(NO_3)_2$ 配制;底液:10 mmol·$L^{-1}$ $HNO_3$ + 0.1 mol·$L^{-1}$ NaCl 。

### 四、实验步骤

(1)金圆盘电极的预处理:金圆盘电极分别用 0.3 和 0.05 $\mu m$ 的三氧化二铝粉在麂皮上将电极表面抛光,然后依次在蒸馏水和无水乙醇中各超声洗涤 10 min。

(2)取 5 mL 底液于 10.00 mL 小烧杯中,插入金圆盘电极、铂丝辅助电极和 Ag/AgCl 电极(参比液为 3 mol·$L^{-1}$ KCl),用微量注射器往底液中分别注入 1,2,5,20,50,100 和 200 $\mu L$ $Cu^{2+}$ 和 $Pb^{2+}$ 标准溶液,搅匀后,采用步骤(4)~(6)的参数进行方波阳极溶出伏安测定。

(3)工业废水经 20 mmol·$L^{-1}$ $HNO_3$ + 0.2 mol·$L^{-1}$ NaCl 按 1:1 的比例稀释后,取 5 mL 于 10.00 mL 小烧杯中,采用(4)~(6)中的步骤进行方波阳极溶出伏安测定。

(4)预处理阶段:为使残留物充分溶解,每次实验前电位在 1.0 V 恒定30 s。

(5)金属离子的沉积:沉积电位 $E_d$ = −0.2 V,$t_d$ = 180 s。

(6)静置 20 s。

(7)采用方波阳极溶出伏安法测定铜和铅。实验参数为方波振幅 10 mV;

脉冲振幅 25 mV；频率 15 Hz；初始电压－0.4 V；终止电压 0.6 V。

在(4)和(5)两步中，溶液用磁力搅拌器搅拌。

### 五、结果处理

(1)绘制峰高与 $Cu^{2+}$ 和 $Pb^{2+}$ 标准溶液浓度的曲线，并确定线性范围。

(2)根据标准曲线，计算工业废水中 $Cu^{2+}$ 和 $Pb^{2+}$ 的浓度。

### 六、思考题

(1)阳极溶出法为什么有较高的灵敏度？

(2)实验中为什么要对实验条件严格保持一致？

## 参考文献

[1] Xiaohua Gao，Wanzhi Wei，Liu Yang，Tanji Yin，Ying Wang. Simultaneous determination of lead，copper and mercury free from macromolecules contaminants[J]. Analytical Letters，2005，38:2327-2343.

编写人：翟秀荣

# 实验 32　气相色谱色谱柱效的测定

### 一、实验目的

(1)掌握评价柱效能的方法，并测定柱效能。

(2)掌握有效塔板数及有效塔板高度的计算方法。

### 二、实验原理

柱效(柱效能)是色谱柱的一项重要指标，可用于考察色谱柱的制备工艺操作水平以及估计该柱对试样分离的可能性。混合物能否在色谱柱中得到分离，除取决于固定相选择外，还与色谱操作条件和色谱柱的装填状况有关。在一定的色谱条件下，色谱柱的柱效可用有效理论塔板数 $n_{有效}$ 或有效理论塔板高度 $H_{有效}$ 来表示。通常有效理论塔板数越多或有效理论塔板高度越小，色谱柱效能越高。它们的计算公式为

$$n_{有效} = 5.54(\frac{t'_R}{Y_{\frac{1}{2}}})^2 = 16(\frac{t'_R}{Y})^2 \tag{1}$$

$$H_{有效} = \frac{L}{n_{有效}} \tag{2}$$

$$t'_R = t_R - t_M \tag{3}$$

式中，$n_{有效}$ 为有效理论塔板数；$H_{有效}$ 为有效理论塔板高度；$L$ 为色谱柱的长度；$t_R$ 为组分保留时间；$t'_R$ 为组分调整保留时间；$t_M$ 为空气保留时间（死时间）；$Y_{1/2}$ 为色谱峰的半峰宽；$Y$ 为色谱峰的峰底宽度。

由于各组分在固定相和流动相之间的分配系数不同，因而对同一色谱柱来说，不同组分的柱效也不相同，所以应该指明是何种物质的分离效能，即 $n_{有效}$ 。

### 三、仪器及试剂

（1）仪器：气相色谱仪，配热导检测器（TCD）；氢气发生器；微量进样器。

（2）试剂：苯（A. R.）；甲苯（A. R.）；环己烷（A. R.）；苯-甲苯-环己烷混合试样。

### 四、实验步骤

（1）色谱操作条件：柱温：100℃；汽化室温度：150℃；检测器温度：150℃；桥电流：140 mA；载气流速：$H_2$，40 mL·$min^{-1}$。

（2）基线稳定后，吸取 100 μL 空气进样，记录空气的保留时间，即死时间 $t_M$，并重复两次。

（3）分别进苯、甲苯、环己烷纯试剂 1 μL，重复 2 次，记录色谱图上各峰的保留时间 $t_R$ 以进行定性。

（4）注入 1 μL 苯-甲苯-环己烷混合试样，记录各峰的保留时间 $t_R$ 及其半峰宽度 $Y_{1/2}$，重复 2 次。

（5）实验完毕后，用丙酮抽洗微量进样器数次，并按仪器操作步骤关闭仪器及计算机。

### 五、结果处理

（1）记录实验条件：色谱柱柱长、载气及其流速、汽化室和色谱柱温度、检测器及其温度、桥电流。

（2）记录空气保留时间 $t_M$、混合试样各峰保留时间 $t_R$ 及半峰宽度 $Y_{1/2}$，计算柱效能 $n_{有效}$ 及 $H_{有效}$。

**表 SY-17　实验数据记录表**

| 成分 | $t_R$/min | | | $Y_{1/2}$ | | | $t'_R$ | $n_{有效}$ | $H_{有效}$ |
| --- | --- | --- | --- | --- | --- | --- | --- | --- | --- |
| | 1 | 2 | 平均值 | 1 | 2 | 平均值 | | | |
| 空气 | | | | — | — | — | — | — | — |
| 苯 | | | | | | | | | |
| 甲苯 | | | | | | | | | |
| 环己烷 | | | | | | | | | |

**六、思考题**

(1)影响色谱柱柱效的因素有哪些？

(2)用同一根色谱柱分离不同组分时，有效塔板数是否一样，为什么？

参考文献

[1] 苏克曼，张济新. 仪器分析实验[M]. 北京：高等教育出版社，2005.

编写人：王彩红
验证人：阴军英

# 实验 33　气相色谱定量分析——己烷、环己烷、甲苯校正因子和归一化定量

**一、实验目的**

(1)掌握使用氢火焰离子化检测器的基本操作。

(2)学习定量校正因子的测定。

(3)用苯做标准物，测定己烷、环己烷、甲苯的定量校正因子，根据色谱图，用归一化法测定混合物中各组分含量。

**二、实验原理**

在一定条件下，组分 $i$ 的质量（$m_i$）与检测器响应信号（峰面积 $A_i$ 或峰高 $h_i$）成正比：

$$m_i = f_i^A A_i \tag{1}$$

或

$$m_i = f_i^h h_i \tag{2}$$

以上两式是色谱定量的依据。$f_i^A$，$f_i^h$ 为绝对校正因子，是某组分通过检测器的量与检测器对其响应信号之比。相对校正因子是某组分与基准组分的绝对校正因子之比，即组分的绝对校正因子与标准物质的绝对校正因子之比：

$$f'_i = \frac{f_i}{f_s} = \frac{m_i/A_i}{m_s/A_s} = \frac{m_i}{m_s} \cdot \frac{A_s}{A_i} \tag{3}$$

因绝对校正因子很少使用，一般文献上提到的校正因子就是相对校正因子。归一化法是将所有出峰组分的含量之和按 100% 计算的定量方法，它是分

别求出样品中各个组分的峰面积和校正因子,然后根据下式分别求出各组分的含量:

$$w_i = \frac{A_i f_i}{A_1 f_1 + A_2 f_2 + \cdots + A_n f_n} \times 100\% = \frac{A_i f_i}{\sum\limits_{i=1}^{n} A_i f_i} \times 100\% \qquad (4)$$

归一化法的优点是简便、准确,不必准确称量和准确进样,操作条件稍有变化对结果影响较小,是常用的一种定量方法,但归一化法要求样品中的所有组分都出峰,并且需测出它们的峰面积和校正因子。

### 三、仪器及试剂

(1)仪器:气相色谱仪;全自动进样器;氢火焰离子化检测器(FID);毛细管色谱柱:HP-5,以聚氧化硅烷-聚乙二醇为固定相(30 m×0.32 mm×0.25 $\mu$m);色谱工作站。

(2)试剂:苯(A.R.);甲苯(A.R.);环己烷(A.R.);己烷(A.R.);未知的混合试样。

### 四、实验步骤

(1)气相色谱条件:柱温:90℃;汽化室温度:150℃;检测器温度:200℃;载气流速:$N_2$,1 mL·$min^{-1}$;燃气流量:$H_2$,40 mL·$min^{-1}$;助燃气流量:空气,450 mL·$min^{-1}$;分流比:50:1。

(2)准确配制己烷:环己烷:苯:甲苯=1:1:1.5:2.5(质量比)的标准溶液,以备测量校正因子。

(3)基线稳定后,向色谱仪中分别注入己烷、环己烷、苯、甲苯等纯试剂 0.2 $\mu$L,重复 2~3 次,记录色谱图上各峰的保留时间。

(4)在相同条件下,注入配制好的标准溶液 0.2 $\mu$L,重复 2~3 次,记录色谱图上各峰的保留时间和峰面积,根据公式(3)分别求出己烷、环己烷、甲苯对苯的相对质量校正因子。

(5)注入未知混合试样 0.2 $\mu$L,重复 2~3 次,记录色谱图上各峰的峰面积,取其平均值。相对质量校正因子已求出,按归一化法求出各组分含量。

### 五、结果处理

(1)根据步骤(3),指出标准溶液和未知试样中各色谱峰对应的物质。

(2)根据步骤(4)及公式(3),以苯为标准物,计算己烷、环己烷、甲苯的相对质量校正因子。

(3)根据步骤(5)及公式(4),计算未知混合试样中各组分的质量分数。

**表 SY-18　实验数据记录表**

| 组分 | 苯 | 甲苯 | 己烷 | 环己烷 |
| --- | --- | --- | --- | --- |
| 标样峰面积 | | | | |
| 相对校正因子 | $f_i = 1$ | | | |
| 试样峰面积 | | | | |
| 百分比含量 | | | | |

## 六、思考题

(1)本实验中,进样量是否需要非常准确?为什么?

(2)将测得的质量校正因子与文献值比较。

(3)试根据混合试样各组分及固定液的性质,解释各组分的流出顺序。

## 参考文献

[1] 刘约权,李贵深. 实验化学(下册)[M]. 北京:高等教育出版社,2005.

编写人:王彩红

验证人:阴军英

# 实验 34　醇系物的气相色谱定量测定

## 一、实验目的

(1)了解气相色谱仪的基本结构、性能和操作方法。

(2)掌握气相色谱法的基本原理和定性、定量方法。

(3)学习纯物质对照定性和归一化法定量。

## 二、实验原理

由各种醇组成的混合物是工业生产中常见的混合物之一,利用气相色谱法分析各组分含量是简单、快捷且灵敏度较高的一种分析方法。用固定相 GDX-103 和热导检测器,在一定操作条件下,可使甲醇、乙醇、正丙醇和正丁醇等以及这些醇试剂中常含的水等组分完全分离。

在确定的固定相和色谱条件下,每种物质都有一定的保留时间。在相同的条件下,分别测定纯物质和样品各组分的保留值,将二者进行比较,即可进行定性分析。本实验中,利用保留时间进行定性鉴定,利用归一化法对混合物进行定量分析。

用热导池检测器,以氢气作载气。因氢气热导率高、灵敏度高、进样量少,而氮气作载气,其热导率较小、灵敏度较低,必须增大进样量,因而分析周期也增长。本实验选用氢气作载气。

### 三、仪器及试剂

(1)仪器:气相色谱仪,带热导检测器(TCD);1 μL 微量注射器;氢气发生器;GDX-103 固定相。

(2)试剂:甲醇、乙醇、正丙醇、正丁醇,均为分析纯;含有混合醇的水样。

### 四、实验步骤

(1)气相色谱条件:柱温:85℃;汽化室温度:110℃;检测器温度:150℃;桥电流:140 mA;载气流速:$H_2$,60 mL·$min^{-1}$。

(2)待基线稳定后,用微量注射器依次注入 1 μL 水、甲醇、乙醇、正丙醇、正丁醇等纯试样,记录每一色谱峰的保留时间 $t_R$,重复进样 3 次。

(3)在相同色谱条件下,取 1 μL 待测样注入色谱仪,记录各峰的保留时间及峰面积,重复进样 3 次。

### 五、结果处理

1. 定性分析

表 SY-19　组分定性分析表

| 纯物质 | $t_R$ /min | | |
| --- | --- | --- | --- |
| | 1 | 2 | 3 |
| 甲醇 | | | |
| 乙醇 | | | |
| 正丙醇 | | | |
| 正丁醇 | | | |
| 水 | | | |

| 试样中各峰 | $t_R$ /min | | | 定性结论 |
|---|---|---|---|---|
| | 1 | 2 | 3 | |
| 峰 1 | | | | |
| 峰 2 | | | | |
| 峰 3 | | | | |
| 峰 4 | | | | |
| 峰 5 | | | | |

## 2. 面积归一化法定量

(1)当选用热导检测器,氢气作载气时,各组分的质量校正因子值列于表 SY-20。

**表 SY-20  各组分的校正因子值**

| 组分 | $f_i$ |
|---|---|
| 水 | 0.55 |
| 甲醇 | 0.58 |
| 乙醇 | 0.64 |
| 正丙醇 | 0.72 |
| 正丁醇 | 0.78 |

(2)按下列计算式,用归一化法求各组分的含量:

$$w_i = \frac{A_i f_i}{\displaystyle\sum_{i=1}^{n} A_i f_i} \times 100\%$$

**表 SY-21  归一化法求得各组分的含量**

| 组分 | $A_i$ /mm² | | | | $w_i$ /% |
|---|---|---|---|---|---|
| | 1 | 2 | 3 | 平均值 | |
| 水 | | | | | |
| 甲醇 | | | | | |
| 乙醇 | | | | | |
| 正丙醇 | | | | | |
| 正丁醇 | | | | | |

## 六、思考题

（1）比较氢气和氮气作载气的桥电流及两种载气的优缺点。

（2）含水的醇系物用气相色谱仪测定时，为什么要用热导检测器而不用氢火焰离子化检测器？

### 参考文献

[1] 高丽华. 基础化学实验[M]. 北京：化学工业出版社，2004.

编写人：王彩红

验证人：阴军英

# 实验 35　气相色谱法测定苯中甲苯的含量

## 一、实验目的

（1）掌握气相色谱中利用保留值进行定性的方法。

（2）学习外标法进行定量分析的方法和计算。

（3）了解氢火焰离子化检测器的原理和应用。

## 二、实验原理

气相色谱方法是利用试样中各组分在气相和固定液相间的分配系数不同将混合物分离、测定的仪器分析方法，特别适用于分析含量低的气体和易挥发的液体。当汽化后的试样被载气带入色谱柱中运行时，组分就在其中的两相间进行反复多次分配，由于固定相对各组分的吸附或溶解能力不同，因此各组分在色谱柱中的运行速度就不同，经过一定的柱长后，便彼此分离，按流出顺序离开色谱柱进入检测器被检测，在记录器上绘制出各组分的色谱峰。在色谱条件一定时，任何一种物质都有确定的保留参数，如保留时间、保留体积及相对保留值等。因此，在相同的色谱操作条件下，通过比较已知纯样和未知物的保留参数，即可确定未知物为何种物质。测量峰高或峰面积，采用外标法、内标法或归一化法，可确定待测组分的质量分数。

外标法定量是取被测组分的纯物质配成一系列不同浓度的标准溶液，分别取一定量进行色谱分析，得出相应的色谱峰，作峰面积（或峰高）对相应浓度的标准曲线。在同样操作条件下，分析相同量的未知试样，从色谱图上测出被测组分的峰面积（或峰高），再从标准曲线上查出被测组分的浓度。

### 三、仪器及试剂

(1)仪器:Agilent 6890 气相色谱仪;全自动进样器;氢火焰离子化检测器(FID);毛细管色谱柱:HP-5,以聚氧化硅烷-聚乙二醇为固定相(30 m×0.32 mm×0.25 $\mu m$);容量瓶(50 mL,10 mL);移液管(5 mL,10 mL)。

(2)试剂:苯、甲苯(A.R.);苯-甲苯混合试样。

### 四、实验步骤

1.气相色谱条件

柱温:90℃;汽化室温度:150℃;检测器温度:200℃;载气流量:$N_2$,1 mL·$min^{-1}$;燃气流量:$H_2$,30 mL·$min^{-1}$;助燃气流量:空气,400 mL·$min^{-1}$;分流比:60∶1。

2.外标法测苯中甲苯含量

(1)用刻度移液管准确移取 5.00 mL 甲苯置于 50 mL 容量瓶中,用苯稀释至刻度,摇匀,作为标准储备液。

(2)分别量取 1.00,2.00,3.00,4.00,5.00,6.00 mL 储备液置于 6 个 10 mL 容量瓶中,用苯稀释定容,摇匀,作为系列标准溶液。

(3)分别取 0.2 $\mu L$ 纯苯、甲苯样品进行色谱分析,记录其保留时间,利用保留时间对混合物中的峰进行指认。

(4)将 6 个标准溶液分别进样,每次 0.2 $\mu L$,记录各自甲苯的峰面积或峰高。以甲苯浓度为横坐标、甲苯峰面积或峰高为纵坐标作标准曲线。

(5)取 0.2 $\mu L$ 被测样品进行色谱分析,记录甲苯峰面积或峰高。重复 3 次,取甲苯峰面积或峰高的平均值,由标准曲线中查出被测样品中甲苯的浓度。

3.后期处理

实验完毕,用丙酮清洗注射器,将汽化室、色谱柱、检测器的温度降至40℃,并继续通载气,等待仪器冷却,退出色谱工作站。然后关闭气相色谱仪电源,最后关闭载气阀门。

### 五、结果处理

(1)绘制甲苯的标准曲线。

(2)利用标准曲线求被测样品中甲苯的含量。

### 六、思考题

(1)用外标法进行定量分析的优缺点是什么?

(2)氢火焰离子化检测器原理及适用范围是什么?

**参考文献**

[1] 张晓丽,山东大学,山东师范大学,等. 仪器分析实验[M]. 北京:化学工业出版社,2006.

编写人:王彩红

验证人:阴军英

# 实验 36　内标法测定有机混合物中甲苯的含量

## 一、实验目的

(1)掌握利用内标法分析混合物中待测组分含量的方法。

(2)掌握气相色谱仪的使用方法及其操作注意事项。

## 二、实验原理

内标法是向一定量的待测样中加入一定的内标物进行分离,然后根据样品重量($m$)和内标物重量($m_s$)以及组分和内标物的峰面积($A_1$ 和 $A_s$),按式(1)即可求出组分含量:

$$c\% = \frac{m_i}{m} \times 100\% = \frac{A_i}{A_s} \times \frac{m_s}{m} \times f_i' \times 100\% \tag{1}$$

式中,$m_i$ 为被测组分的质量。$f_i'$ 为被测组分的相对质量校正因子。它定义为:样品中待测组分的质量校正因子与标准物的质量校正因子之比,即

$$f_i' = \frac{f_i}{f_s} = \frac{m_i'}{m_s'} \cdot \frac{A_s'}{A_i'} \tag{2}$$

式中,$f_i$ 和 $f_s$ 分别为待测组分和内标物的绝对质量校正因子,$m_i'$ 和 $m_s'$ 分别为标准溶液中待测组分和内标物的质量,$A_i'$ 和 $A_s'$ 分别为标准溶液中待测组分和内标物所对应的峰面积。为方便起见,常以内标物本身作为标准物。当样品中某些不要测定的组分不能分离,或无信号,或只要测定众多组分中少数几个组分时,宜用此法测定。

## 三、仪器及试剂

(1)仪器:Agilent 6890 气相色谱仪,微量进样器,电子天平。

(2)试剂:含甲苯的有机混合物;甲苯,苯,丙酮(分析纯)。

## 四、实验步骤

(1)仪器参数的设置。

1）分离系统：OV-101 弱极性柱；

2）检测系统：氢火焰离子化检测器；

3）温控系统：气化室 160℃，柱温 110℃，检测器 180℃；

4）载气：$N_2$，1.0 mL·$min^{-1}$；

5）燃气：$H_2$，30 mL·$min^{-1}$；助燃气：空气，400 mL·$min^{-1}$。

（2）标准溶液和甲苯试样的配制。

1）标准溶液的配制：取一干燥洁净的试剂瓶，置于电子天平上，称重。清零，用一干燥、洁净胶头滴管吸取纯甲苯约 0.1 g 注入试剂瓶内，称重，记录甲苯的质量（记录到 0.000 1 g）。清零，再用另一只干燥、洁净胶头滴管吸取纯苯约 0.1 g 注入试剂瓶。再称重，记录苯的质量（记录到 0.000 1 g），摇均备用。

2）甲苯试样和苯的混合溶液的配制：另取一干燥、洁净的试剂瓶，置于电子天平上，称重。清零，用一干燥、洁净胶头滴管吸取甲苯试样约 0.1 g 注入试剂瓶内，称重，记录甲苯试样的质量（记录到 0.000 1 g）。清零，再用另一只干燥、洁净胶头滴管吸取苯（内标物）约 0.1 g 注入试剂瓶，再称重，记录苯的质量（记录到 0.000 1 g），摇均备用。

（3）测试。

1）准确移取纯甲苯、纯苯各 0.2 μL 进样分析，记录甲苯、苯色谱峰的保留时间。

2）准确移取 0.2 μL 标准溶液进样分析，记录甲苯、苯色谱峰峰面积。

3）准确移取 0.2 μL 甲苯试样和苯的混合溶液进样分析，记录甲苯、苯色谱峰峰面积。

## 五、结果处理

（1）根据标准样中甲苯、苯的质量和峰面积，计算甲苯的相对校正因子 $f_{甲苯}{}'$。

（2）根据混合液中甲苯、苯的质量和峰面积，以及甲苯的相对校正因子 $f_{甲苯}{}'$，计算混合物中甲苯的百分含量。

| 项目 样品 | 称量质量 $m/g$ | | 峰面积 $A$ | | 结果 |
|---|---|---|---|---|---|
| | 甲苯/甲苯试样 | 苯 | 甲苯 | 苯 | |
| 标准样 | | | | | $f_{甲苯}{}'$ |
| 待测样 | | | | | $c_{甲苯}\%$ |

## 六、思考题

内标法定量有哪些优点？方法的关键是什么？

### 参考文献

[1] 宋桂兰.仪器分析实验[M].北京:科学出版社,2010.

编写人:王彩红

验证人:阴军英

# 实验 37　高效液相色谱测定饮料中咖啡因的含量

## 一、实验目的

(1)学会用高效液相色谱法测定饮料中的咖啡因的含量。

(2)掌握高效液相色谱法定性和定量分析的基本方法。

## 二、实验原理

咖啡因又称咖啡碱,属黄嘌呤衍生物,其化学名称为 1,3,7-三甲基黄嘌呤,是可由茶叶或咖啡中提取而得的一种生物碱。它能兴奋大脑皮层,使人精神兴奋。茶叶、咖啡、可乐、APC 药片等都含有咖啡因,其结构式如下:

传统测定咖啡因含量的方法是先进行萃取,再用分光光度法测定。由于某些具有紫外吸收的杂质也同时存在,会产生一些误差,而且整个过程也比较繁琐。用反相高效液相色谱法将饮料中的咖啡因与其他组分(如单宁酸、咖啡酸、蔗糖等)分离后再检测,消除了杂质干扰,使测定结果更为准确。

本实验用标准曲线法(也称外标法)进行定量分析。将咖啡因的纯品配制成不同浓度的系列标准溶液,准确定量进样,得到一系列的色谱图。用峰面积或峰高对相应的浓度绘图,得到标准曲线。然后,在与绘制标准曲线时完全相同的操作条件下,准确定量进样,得到样品的色谱图,根据所得的峰面积或峰高在标准曲线上查出被测组分的含量。

### 三、仪器及试剂

(1)仪器:高效液相色谱仪;紫外检测器;ODS 色谱柱(4.6 mm×250 mm,5 μm);微量注射器(20 μL);超声波脱气机;溶剂过滤器 1 套;分析天平;容量瓶(100 mL ,10 mL);移液管(2 mL,1 mL);烧杯(50 mL);0.45 μm 滤膜。

(2)试剂:甲醇(色谱纯);磷酸(A. R.);磷酸二氢钾(A. R.);咖啡因(A. R.);可乐饮料。

磷酸盐缓冲溶液的配制:用二次蒸馏水配制 0.01 mol·L⁻¹磷酸二氢钾溶液,用 $H_3PO_4$ 调 pH 为 3.5 左右。

咖啡因标准储备液(1.0 mg·mL⁻¹)的配制:准确称取0.100 0 g 咖啡因,加少量甲醇加热溶解,用甲醇定容至 100 mL。

### 四、实验步骤

1. 咖啡因标准溶液的配制

准确移取 0.25,0.50,1.00,1.25,1.50 mL 咖啡因标准储备液,分别置于 10 mL 容量瓶中,用甲醇定容,得浓度分别为 25,50,100,125,150 μg·mL⁻¹的咖啡因标准溶液。将上述溶液超声脱气 15 min。

2. 样品的准备

取 30 mL 可乐饮料置于 50 mL 烧杯中,用超声波脱气 15 min,驱除二氧化碳。准确移取 1.00 mL 已脱气的可乐饮料,用二次水稀释至 10 mL。

3. 流动相的准备

甲醇和 0.01 mol·L⁻¹磷酸盐缓冲溶液(pH≈3.5)分别经 0.45 μm 滤膜过滤,再置于超声波脱气机上脱气 15 min。按照甲醇:0.01 mol·L⁻¹磷酸盐缓冲溶液(pH≈3.5)=3:7 的比例配制 500 mL 流动相。

4. 开机

依次打开高压泵、检测器、色谱工作站。调整色谱条件如下:检测波长为286 nm;流动相为甲醇:0.01 mol·L⁻¹磷酸盐缓冲溶液(pH≈3.5)=3:7;流速为 1.0 mL·min⁻¹;柱温为室温。启动高效液相色谱仪至基线平直。

5. 标准曲线的绘制

待基线平直后,取各浓度咖啡因标准溶液各 20 μL 依次进样。每份标准溶液进样三次,要求咖啡因色谱峰面积基本一致,否则继续进样,直至每次进样色谱峰面积重复,记录峰面积和保留时间。

6. 样品的测定

取待测样品 20 μL 进样,根据保留时间,找出咖啡因对应的色谱峰,记录峰面积和保留时间的数据。重复进样两次,要求峰面积基本一致。

7.清洗色谱系统

实验完毕,清洗色谱系统,按仪器操作规程停机。

## 五、结果处理

根据咖啡因标准系列溶液的色谱图,绘制峰面积对浓度的标准曲线。根据样品色谱图上咖啡因的峰面积,从标准曲线上查出其浓度,并计算样品中咖啡因的含量。

## 六、思考题

(1)能否用离子交换色谱法分析咖啡因? 为什么?

(2)用标准曲线法进行定量分析的优缺点是什么?

(3)如本实验用峰高对浓度作图绘制标准曲线,定量的结果是否准确? 为什么?

### 参考文献

[1] 武汉大学化学与分子科学学院实验中心. 仪器分析实验[M]. 武汉:武汉大学出版社,2005.

[2] 张晓丽,山东大学,山东师范大学,等.仪器分析实验[M].北京:化学工业出版社,2006.

编写人:李爱峰　　邱玉娥

验证人:李爱峰

# 实验 38　反相高效液相色谱标准曲线法测定芳香族混合物的含量

## 一、实验目的

(1)了解反相色谱的分离原理。

(2)进一步熟悉高效液相色谱仪的操作。

(3)掌握峰面积归一化定量分析的方法。

## 二、实验原理

目前在高效液相色谱中,反相色谱是应用最广泛和最有效的方法。所谓反相色谱是指固定相的极性小于流动相的极性。在反相色谱中应用最广的固定相是通过化学反应的方法将正构烷烃等非极性物质(如 $n$-C$_8$ 烷、$n$-C$_{18}$ 烷、$n$-C$_{30}$ 烷等)键合到硅胶基质上,即所谓的键合固定相。以极性溶剂(如甲醇、乙腈、水)为流动相,可分离非极性或弱极性化合物。据此,采用反相高效液相色谱法可分离芳香族化合物。

对羟基苯甲酸酯类混合物中含有对羟基苯甲酸甲酯、对羟基苯甲酸乙酯、对羟基苯甲酸丙酯和对羟基苯甲酸丁酯,可用反相高效液相色谱进行分析,选用非极性的 $C_{18}$ 烷基键合固定相,甲醇水溶液作流动相。

由于在一定色谱条件下,酯类各组分的保留值保持恒定,因此在同样的条件下,将测得的未知物的各组分的保留时间与已知纯组分的保留时间进行对照,即可对未知物的组成进行定性。

本实验用归一化法定量,此法是色谱分析中常用的定量方法之一,此法简单、准确、对进样量要求并不严格,但要求样品中的所有组分都必须流出色谱柱,并在检测器中有响应,某些不需要定量的组分也要测出其校正因子和峰面积。归一化法的计算公式为

$$w_i = \frac{A_i f_i}{\sum\limits_{i=1}^{n} A_i f_i} \times 100\% \tag{1}$$

由于对羟基苯甲酸酯类混合物属同系物,具有相同的生色团和助色团,因此它们在紫外检测器上具有相同的校正因子,故上式可以简化为

$$w_i = \frac{A_i}{\sum\limits_{i=1}^{n} A_i} \times 100\% \tag{2}$$

### 三、仪器及试剂

(1)仪器:高效液相色谱仪;紫外检测器;ODS 色谱柱(4.6 mm×250 mm,5 μm);微量注射器(20 μL);超声波脱气机;溶剂过滤器 1 套;分析天平;容量瓶(100 mL ,10 mL);移液管(0.2 mL,0.1 mL);烧杯(50 mL);0.45 μm 滤膜。

(2)试剂:甲醇(色谱纯);对羟基苯甲酸甲酯(A. R.);对羟基苯甲酸乙酯(A. R.);对羟基苯甲酸丙酯(A. R.);对羟基苯甲酸丁酯(A. R.);实验用水为去离子水。

标准储备液(浓度均为 1.0 mg·mL$^{-1}$):准确称取上述四种酯类化合物各 0.100 0 g,加少量甲醇溶解,分别用甲醇定容至 100 mL。

标准使用液(浓度均为 10 μg·mL$^{-1}$):分别准确移取上述四种标准储备液 0.10 mL,分别用甲醇定容至 10 mL。

标准混合使用液(浓度均为 10 μg·mL$^{-1}$):准确移取上述四种标准储备液各 0.10 mL 于同一只 10 mL 容量瓶中,用甲醇定容。

样品溶液:将四种酯类化合物以任意比例配制成甲醇溶液,使其浓度与标准混合溶液相近。

### 四、实验步骤

**1. 流动相的准备**

甲醇与水分别用 $0.45\ \mu m$ 滤膜过滤,置于超声波脱气机上脱气 15 min。按照甲醇:水=17:3 的比例,配制 500 mL 流动相。

**2. 开机**

依次打开高压泵、检测器、色谱工作站。调整色谱条件如下:检测波长为 254 nm;流动相为甲醇:水=17:3;流速为 $1.0\ mL \cdot min^{-1}$;柱温为室温。启动高效液相色谱仪至基线平直。

**3. 定性分析**

待基线平直后,取标准混合溶液 $20\ \mu L$ 进样,记录各组分的保留时间的数据。分别取上述四种酯类化合物的标准使用液各 $20\ \mu L$,依次进样,确定各组分的保留时间。根据保留时间确定混合溶液的组成及每个色谱峰的归属。

**4. 样品的测定**

取待测样品 $20\ \mu L$ 进样,记录峰面积和保留时间的数据。重复进样两次,要求峰面积基本一致。

**5. 清洗色谱系统**

实验完毕,清洗色谱系统,按仪器操作规程停机。

### 五、结果处理

根据纯品的出峰时间,确定各组分的出峰顺序,并计算样品中各组分的百分含量。

### 六、思考题

(1)高效液相色谱分析采用归一化法定量有何优缺点?

(2)样品的组分不能完全流出时,用归一化法定量是否合适? 为什么?

(3)本实验为什么可以不用测定相对质量校正因子?

(4)高效液相色谱分析中流动相为什么要脱气,不脱气对实验有何妨碍?

### 参考文献

[1] 张济新,孙海霖,朱明华. 仪器分析实验[M]. 北京:高等教育出版社,1994.

编写人:李爱峰　邱玉娥

验证人:李爱峰

## 实验 39　高效液相色谱法分析食品添加剂中的山梨酸和苯甲酸

### 一、实验目的

(1)熟悉高效液相色谱仪的组成及其作用。

(2)掌握用标准曲线法测定未知样品含量的方法。

### 二、实验原理

山梨酸和苯甲酸具有抑制细菌生长和繁殖的作用,被广泛地用做各种食品的添加剂,在限量范围内对人体无害,过量摄入则对健康造成损害。

山梨酸和苯甲酸极性较强,在水溶液中有较大的离解度,在反相键合相色谱中易产生色谱峰拖尾现象。若调节流动相为弱酸性,则上述两种有机酸的离解可以得到抑制,利用分子状态有机酸的疏水性,使其在 $C_{18}$ 键合相色谱柱中能够保留。由于山梨酸和苯甲酸的极性不同,极性较强的苯甲酸先出峰,极性相对较弱的山梨酸后出峰。

对食品中山梨酸和苯甲酸含量的测定,可以将样品加温除去二氧化碳和乙醇,调节 pH 至 7 左右,过滤后进高效液相色谱仪分离,根据保留时间和峰面积进行定性和定量分析。

### 三、仪器及试剂

(1)仪器:高效液相色谱仪;紫外检测器;ODS 色谱柱($4.6$ mm$\times 250$ mm,5 $\mu$m);微量注射器(20 $\mu$L);超声波脱气机;溶剂过滤器 1 套;分析天平;容量瓶(100 mL,25 mL,10 mL);移液管(5 mL,10 mL);烧杯(50 mL);0.45 $\mu$m 滤膜。

(2)试剂:甲醇(色谱纯);稀氨水(1∶1);$NH_4Ac$ 溶液($0.02$ mol·$L^{-1}$);$NaHCO_3$ 溶液(20 g·$L^{-1}$);实验用水为去离子水。

山梨酸和苯甲酸标准储备液(浓度均为$1.0$ mg·$mL^{-1}$):准确称取山梨酸和苯甲酸各$0.100\ 0$ g,各加 $NaHCO_3$ 溶液 5 mL,加热至完全溶解后,分别用水定容至 100 mL。

山梨酸和苯甲酸标准使用液(浓度均为 $0.10$ mg·$mL^{-1}$):准确移取上述两种标准储备液各 10.00 mL,分别用水定容至 100 mL。使用前经 0.45 $\mu$m 滤膜过滤。

山梨酸和苯甲酸混合标准使用液(浓度均为 $0.10$ mg·$mL^{-1}$):准确移取上

述两种标准储备液各 10.00 mL 于同一只 100 mL 容量瓶中,用水定容。使用前经 0.45 $\mu$m 滤膜过滤。

### 四、实验步骤

**1. 标准溶液的配制**

分别准确移取山梨酸和苯甲酸混合标准使用液 0.00,1.00,2.00,3.00,4.00,5.00 mL 置于 6 只 10 mL 容量瓶中,用水稀释至刻度,摇匀。

**2. 试样的处理**

准确移取市售果汁饮料 5~10 mL,置于小烧杯中,用稀氨水调 pH 约为 7,定量转移至 25 mL 容量瓶中,用水稀释至刻度,摇匀,离心沉淀,上清液经 0.45 $\mu$m 滤膜过滤,备用。

**3. 流动相的准备**

将甲醇与 $NH_4Ac$ 溶液分别用 0.45 $\mu$m 滤膜过滤,置于超声波脱气机上脱气 15 min。

**4. 开机**

依次打开高压泵、检测器、色谱工作站。调整色谱条件如下:流动相为甲醇:$NH_4Ac(0.02 \ mol \cdot L^{-1}) = 1 : 19$;检测波长为 230 nm;流动相的流速为 1.0 mL $\cdot$ min$^{-1}$;柱温为室温。启动高效液相色谱仪至基线平直。

**5. 苯甲酸和山梨酸高效液相色谱分离条件的优化**

待基线平直后,取山梨酸和苯甲酸混合标准使用液 20 $\mu$L 进样,观察分离情况,调整流动相中甲醇与 $NH_4Ac$ 的比例,直至两组分能够达到基线分离,记录各组分的保留时间的数据。

**6. 定性分析**

按照上述优化的色谱条件,分别取山梨酸和苯甲酸标准使用液各 20 $\mu$L,依次进样,根据各组分的保留时间进行定性分析。

**7. 标准曲线的绘制**

取各浓度的山梨酸和苯甲酸标准溶液 20 $\mu$L 进样,每份标准溶液进样三次,要求色谱峰面积基本一致,否则继续进样,直至每次进样色谱峰面积重复,记录峰面积和保留时间。

**8. 样品测定**

取待测样品 20 $\mu$L 进样,记录各个峰的峰面积和保留时间,重复进样两次,要求色谱峰面积基本一致。

**9. 清洗色谱系统**

实验完毕,清洗色谱系统,按仪器操作规程停机。

### 五、结果处理

以标准溶液的浓度为横坐标,以峰面积为纵坐标分别绘制山梨酸和苯甲酸的工作曲线,根据样品中山梨酸和苯甲酸的峰面积,从标准曲线上查出相应的浓度,计算样品中两种组分的百分含量。

### 六、思考题

(1)根据山梨酸和苯甲酸的液相色谱图,如果试样中含有苯,估计苯的色谱峰的位置在山梨酸和苯甲酸色谱峰位置之前还是之后? 为什么?

(2)流动相中甲醇浓度的变化,对于组分的分离有什么影响?

## 参考文献

[1] 张晓丽,山东大学,山东师范大学,等. 仪器分析实验[M]. 北京:化学工业出版社,2006.

编写人:李爱峰　邱玉娥

验证人:李爱峰

# 实验 40　中药大黄有效成分的高效液相色谱分析及大黄酸含量的测定

### 一、实验目的

(1)了解高效液相色谱在中药成分分析方面的应用。

(2)熟悉梯度洗脱的设计和操作。

### 二、实验原理

中药常含有多种有机和无机化合物,组成非常复杂,每一味中药都有它独特的一种或几种有效成分,弄清楚中药的有效成分是研究中药的关键。高效液相色谱由于具有分离效能高、分析速度快、操作简便等优点,在中药成分分析方面应用非常广泛。

大黄为常用中药,其主要有效成分为蒽醌衍生物,主要有大黄酸、大黄素、大黄酚、大黄素甲醚和芦荟大黄素,其化学结构式见下式:

大黄酸：$R_1=H, R_2=COOH$
大黄素：$R_1=CH_3, R_2=OH$
芦荟大黄素：$R_1=H, R_2=CH_2OH$
大黄素甲醚：$R_1=CH_3, R_2=OCH_3$
大黄酚：$R_1=H, R_2=CH_3$

本实验用反相高效液相色谱法分离大黄蒽醌提取物。在反相高效液相色谱中,极性大的组分先出峰,极性小的后出峰。要在尽可能短的时间内达到较好的分离效果,流动相的选择是关键。对于组成简单的样品可以用等度洗脱,但对于组成复杂的混合物,如中药提取物,有时必须使用梯度洗脱才能使各组分在短时间内得到较好的分离。

### 三、仪器及试剂

(1)仪器:高效液相色谱仪;紫外检测器;梯度洗脱装置;ODS 色谱柱($4.6$ mm×250 mm,$5$ $\mu$m);微量注射器($20$ $\mu$L);超声波脱气机;溶剂过滤器 1 套;分析天平;容量瓶($100$ mL,$50$ mL,$25$ mL);移液管($5$ mL);烧杯($50$ mL);$0.45$ $\mu$m 滤膜。

(2)试剂:甲醇(色谱纯);$H_3PO_4$ 溶液($0.1\%$);大黄蒽醌提取物;实验用水为去离子水。

大黄素标准储备液($1.0$ mg·$mL^{-1}$)的配制:准确称取大黄素$0.1000$ g,以甲醇溶解,定容至 $100$ mL。

### 四、实验步骤

1.大黄素标准溶液的配制

分别准确移取大黄素标准储备液 $0.00,1.00,2.00,3.00,4.00,5.00$ mL 置于 6 只 25 mL 容量瓶中,用甲醇定容,经 $0.45$ $\mu$m 滤膜过滤。

2.样品溶液的配制

准确称取大黄蒽醌提取物 $250.0$ mg,用甲醇溶解定容至 $50$ mL,用 $0.45$ $\mu$m 滤膜过滤。

3.流动相的准备

甲醇与 $0.1\%$磷酸分别用 $0.45$ $\mu$m 滤膜过滤,置于超声波脱气机上脱气 $15$ min。

4.开机

依次打开高压泵、检测器、色谱工作站。调整色谱条件如下:检测波长为 $254$ nm;流动相为甲醇:$0.1\%$ $H_3PO_4=9:1$;流速为 $1.0$ mL·$min^{-1}$;柱温为室温。启动高效液相色谱仪至基线平直。

5.大黄蒽醌提取物分离条件的优化

待基线平直后,取样品溶液 20 μL 进样,观察分离情况。再调整流动相为甲醇：0.1％ $H_3PO_4$＝4∶1,进样,观察分离情况。

设置梯度洗脱程序：30 min 内,甲醇的比例由 60％变化到 90％,进样,观察分离情况,记录组分的保留时间。

6.标准曲线的绘制

按照上述优化的色谱条件,取各浓度的大黄酸标准溶液 20 μL 进样,每份标准溶液进样三次,要求色谱峰面积基本一致,否则继续进样,直至每次进样色谱峰面积重复,记录峰面积和保留时间。根据保留时间判断大黄蒽醌提取物中哪个峰是大黄酸所对应的色谱峰。

7.样品测定

取待测样品 20 μL 进样,记录大黄酸的峰面积和保留时间,重复进样两次,要求色谱峰面积基本一致,否则继续进样,直至每次进样色谱峰面积重复。

8.清洗色谱系统

实验完毕,清洗色谱系统,按仪器操作规程停机。

**五、结果处理**

以标准溶液的浓度为横坐标,以峰面积为纵坐标绘制大黄酸的标准曲线,根据样品中大黄酸的峰面积,从标准曲线上查出相应的浓度,计算大黄蒽醌提取物中大黄酸的百分含量。

**六、思考题**

(1)估计大黄酸、大黄素、大黄酚、大黄素甲醚和芦荟大黄素的出峰顺序。

(2)为什么在流动相中加入磷酸?

(3)说明梯度洗脱的优点。

### 参考文献

[1] 陈发奎. 常用中草药有效成分含量测定[M]. 北京:人民卫生出版社,1997.

[2] 张丹,蒋心惠. 反相高效液相色谱法测定大黄药材中游离及结合型蒽醌类衍生物的含量[J]. 分析化学,2003,31(4):459-462.

编写人:李爱峰　邱玉娥

验证人:李爱峰

# 实验41　反相液相色谱定量测定维生素E 胶囊中的维生素E

## 一、实验目的

(1)熟悉高效液相色谱仪的操作方法。

(2)了解反相键合相色谱的原理和应用。

(3)了解紫外检测器的原理、应用以及最佳波长的选择。

## 二、实验原理

在反相化学键合相色谱法中,常用的键合相有十八烷基硅烷、辛基硅烷、氰基硅烷、氨基硅烷等,常用的溶剂有甲醇、乙腈、水等。有时需要加入某种修饰剂以获得良好的分离,例如利用反相键合相色谱分离弱酸时为了抑制它的解离需在乙腈/水或甲醇/水流动相中加入少量的乙酸。一般情况下,反相键合相色谱适用于分离极性较弱的样品,VE 在其多种异构体中极性是最弱的一种,在 C18 柱上有较强的保留,其在 220 nm 和 292 nm 处有两个明显的紫外吸收峰。本实验选择 292 nm 作为定量分析的检测波长,以排除其他物质的干扰,确保定量准确。

## 三、仪器及试剂

(1)仪器:高效液相色谱仪;紫外检测器;ODS 色谱柱(4.6 mm×250 mm,5 $\mu$m);微量注射器(20 $\mu$L);超声波脱气机;溶剂过滤器 1 套;分析天平;容量瓶(250 mL,100 mL,25 mL);移液管(5 mL);烧杯(50 mL);0.45 $\mu$m 滤膜。

(2)试剂:甲醇(色谱纯);无水乙醇(A.R.);重蒸去离子水。

1)维生素 E 标准储备液(1.0 mg·mL$^{-1}$)的配制:准确称取 0.100 0 g 维生素 E 标准品,用乙醇定容至 100 mL。

2)维生素 E 样品储备液(1.0 mg·mL$^{-1}$)的配制:准确称取 0.100 0 g 维生素 E 胶囊内包裹的油状液体,用乙醇定容至 100 mL。

## 四、实验步骤

(1)维生素 E 标准溶液的配制:准确移取 0.50 mL,1.00 mL,1.50 mL,2.00 mL,2.50 mL 维生素 E 标样,分别置于 100 mL 容量瓶中,用甲醇定容,得浓度分别为 5.00 $\mu$g·mL$^{-1}$,10.00 $\mu$g·mL$^{-1}$,15.00 $\mu$g·mL$^{-1}$,20.00 $\mu$g·mL$^{-1}$,25.00 $\mu$g·mL$^{-1}$ 的维生素 E 标准溶液。将上述溶液超声脱气 15 min。

（2）样品的准备：准确移取 2.00 mL 维生素 E 样品储备液置于 100 mL 容量瓶中，用甲醇定容，超声脱气 15 min 制得待测液。

（3）开机：依次打开脱气机、高压泵、检测器、色谱工作站。调整色谱条件如下：检测波长为 292 nm，流动相为甲醇：水（体积比）＝97：3；流速为 1.0 mL·$min^{-1}$；柱温为室温。开启高效液相色谱仪至基线平直。

（4）标准曲线的绘制：待基线平直后，取各浓度维生素 E 标准溶液各 20 μL 依次进样。每份标准溶液进样 3 次，要求维生素 E 色谱峰面积基本一致，否则继续进样，直至每次进样色谱峰面积重复，记录峰面积和保留时间。

（5）样品的测定：取待测样品 20 μL 进样，根据保留时间，找出维生素 E 对应色谱峰，记录峰面积和保留时间的数据。重复进样两次，要求峰面积基本一致。

（6）清洗色谱系统：实验完毕，清洗色谱系统，按照仪器操作规程停机。

## 五、结果处理

根据维生素 E 标准系列色谱图，绘制峰面积对浓度的标准曲线。根据样品色谱图上维生素 E 的峰面积，从标准曲线上查出其浓度，并计算样品中维生素 E 的含量。

## 六、思考题

（1）阐述反相色谱中影响分离度的主要因素什么？说明理由。

（2）在什么条件下采用外标法定量？在定量时为什么要求标样的浓度与未知物浓度接近？

## 参考文献

[1] 刘炜. 胡萝卜素口含片中维生素 E 的高效液相色谱分析[J]. 海湖盐与化工. 第 26 卷第 5 期(1997)，28-29.

编写人：刘雪静　隋吴彬
验证人：刘雪静　隋吴彬

# 实验 42　毛细管区带电泳分离硝基苯酚异构体

## 一、实验目的

（1）初步了解毛细管电泳的基本原理。

（2）了解毛细管电泳的构造，并基本掌握其操作技术。

（3）运用毛细管区带电泳分离硝基苯酚异构体。

## 二、实验原理

毛细管电泳是以高压电场为驱动力，以毛细管为分离通道，依据样品中各组分之间电泳淌度或分配行为的差异而实现液相分离分析的新技术。该仪器装置由高压直流电源、进样装置、毛细管、检测器和两个供毛细管插入而又与电源电极相连的缓冲液储瓶组成。

毛细管区带电泳（CZE）是毛细管电泳中最基本的操作模式。在多数水溶液中，石英（或玻璃）毛细管表面因硅羟基解离会产生负的定域电荷，产生指向负极的电渗流。在毛细管中电渗速度可比电泳速度大一个数量级，所以能实现样品组分同向泳动。正离子的运动方向和电渗流一致，因此它应最先流出。中性分子与电渗流同速，随电渗流而行。负离子因其运动方向和电渗流相反，在中性粒子之后流出。

硝基苯酚具有弱酸性，其邻、间、对位异构体由于 $pK_a$ 值不同，在一定 pH 值的缓冲溶液中电离程度不同。因此它们在毛细管电泳分离过程中表现出不同的迁移速度，从而实现分离。

## 三、仪器及试剂

（1）仪器：高效毛细管电泳仪；色谱工作站；未涂层石英毛细管（50 $\mu$m 内径，总长 56 cm，有效长度 48 cm）。

（2）试剂：缓冲溶液；用二次蒸馏水配制 20 mmol·L$^{-1}$ 磷酸二氢钾溶液，用磷酸调节 pH 为 7.0；取 95 mL 该溶液并加入 5.0 mL 甲醇，混合后作为背景电解质溶液；邻硝基苯酚、间硝基苯酚、对硝基苯酚的甲醇溶液（浓度约为 0.2 mg·mL$^{-1}$）及其混合溶液。

各溶液超声脱气后使用。

## 四、实验步骤

（1）打开毛细管电泳仪，预热至检测器输出信号稳定，并打开计算机相关软件。

仪器参数设置：

1）毛细管：直径 50 $\mu$m，总长 60 cm，有效长度 52 cm；

2）重力进样时间：5 s（进样高度 7.5 cm）；

3）分析电压：20 kV；

4）紫外检测波长：254 nm；

5）实验温度：室温。

（2）在每次分离之前，毛细管柱依次用 $1.0\ mol \cdot L^{-1}$ 盐酸溶液、二次蒸馏水、$1.0\ mol \cdot L^{-1}$ 氢氧化钠溶液、二次蒸馏水各冲洗 8 min，然后用缓冲溶液冲洗 8 min。两次运行间用缓冲溶液冲洗 4 min，四次运行后毛细管再次用上面的方法冲洗。

（3）分别对样品溶液及标准溶液进样分析，确定组分的迁移时间。

（4）改变分离电压为 15 kV，25 kV，考察分离电压对组分迁移时间的影响。

（5）实验完毕后，关闭仪器电源，并将毛细管冲洗干净。

## 五、结果处理

记录组分在不同分离电压下的迁移时间，并计算各组分的电泳淌度。根据分离谱图计算组分之间的分离度。

## 六、思考题

（1）为什么本实验采用 pH 为 7.0 以上的缓冲溶液分离硝基苯酚异构体？用 pH 为 2.0 的缓冲溶液可以吗？

（2）实验中有哪些因素可以改变组分的迁移时间？

编写人：刘海兴

# 实验 43　醋酸氟轻松酊的毛细管电泳分析

## 一、实验目的

（1）掌握毛细管电泳的基本原理。

（2）掌握毛细管电泳的构造及使用方法。

（3）学习毛细管电泳法测定表观淌度的实验方法。

## 二、实验原理

电渗是毛细管中的溶剂因轴向直流电场作用而发生的定向流动。电渗是由定域电荷引起，在多数水溶液中，石英（或玻璃）毛细管表面因硅羟基解离会产生负的定域电荷，产生指向负极的电渗流。在毛细管电泳中，样品分子的迁移是有效电泳淌度和电渗流淌度（$\mu_{eof}$）的综合表现，这时的淌度称为表观淌度（$\mu_{app}$）。表观淌度可以直接从毛细管电泳的测定结果求得。

在一定的实验条件下，待测组分的有效淌度不同，在给定电场下的迁移速度也不同,从而达到待测组分分离的目的。本实验中的甲酰胺作为电渗流的标记物。

### 三、仪器及试剂

(1)仪器:高效毛细管电泳仪;色谱工作站;未涂层石英毛细管(50 $\mu$m 内径,总长 56 cm,有效长度 48 cm)。

(2)试剂:

缓冲溶液:用二次蒸馏水配制 20 mmol·L$^{-1}$ 硼砂溶液。

醋酸氟轻松酊样品溶液:取适量醋酸氟轻松酊用甲酰胺稀释 10～20 倍。

水杨酸标准溶液:称取 100 mg 水杨酸(A.R.)用 10～20 mL 甲酰胺溶解。

### 四、实验步骤

(1)打开毛细管电泳仪,预热至检测器输出信号稳定,并打开计算机相关软件。

仪器参数设置:

1)毛细管:直径 50 $\mu$m,总长 60 cm,有效长度 52 cm;

2)重力进样时间:5 s(进样高度 7.5 cm);

3)分析电压:20 kV;

4)紫外检测波长:254 nm;

5)实验温度:室温。

(2)在每次分离之前,毛细管柱依次用 1.0 mol·L$^{-1}$ 盐酸溶液、二次蒸馏水、1.0 mol·L$^{-1}$ 氢氧化钠溶液、二次蒸馏水各冲洗 8 min,然后用硼砂缓冲溶液冲洗 8 min。两次运行间用缓冲溶液冲洗 4 min,四次运行后毛细管再次用上面的方法冲洗。

(3)分别对样品溶液及标准溶液进样分析,确定组分的迁移时间。

(4)改变分离电压为 15 kV,25 kV,考察分离电压对组分迁移时间的影响。

(5)实验完毕后,关闭仪器电源,并将毛细管冲洗干净。

### 五、结果处理

在优化电泳分离条件下,用迁移时间作定性分析,用峰高或峰面积作定量分析。记录组分在不同分离电压下的迁移时间,填入表 SY-22 中。

**表 SY-22　各组分在不同分离电压下的迁移时间**　　　　　单位:min

| | 溶液种类 | | | |
| --- | --- | --- | --- | --- |
| 电压/kV | 水杨酸标准溶液 | | 醋酸氟轻松酊样品溶液 | |
| | 甲酰胺 | 水杨酸 | 甲酰胺 | 水杨酸 |
| 15 | | | | |
| 20 | | | | |
| 25 | | | | |

### 六、思考题

(1)毛细管电泳仪的组成部分有哪些?

(2)讨论电压对组分迁移时间的影响。

### 参考文献

[1] 陈义. 毛细管电泳技术及应用[M]. 北京:化学工业出版社,2000.

[2] 武汉大学化学与分子科学学院实验中心. 仪器分析实验[M]. 武汉:武汉大学出版社,2005.

编写人:刘海兴

# 实验 44　分光光度法测定蜂胶口服液中
# 总黄酮的含量(设计实验)

### 一、实验目的

(1)理解分光光度法测定保健食品中总黄酮含量的原理和方法。

(2)锻炼查阅文献及综合运用知识的能力。

(3)了解实验条件的选择在分析方法建立过程中的重要作用。

### 二、实验要求

(1)根据实验目的、提供的仪器与试剂,自行设计实验步骤。

(2)绘制黄酮类化合物与 $Al^{3+}$ 形成的配合物的吸收曲线,并从图中找出 $\lambda_{max}$。

(3)考察显色剂用量、显色溶液的 pH 值、显色时间对吸光度的影响。

(4)使用芦丁为对照品,绘制标准曲线。

(5)取蜂胶口服液适量,显色后在 $\lambda_{max}$ 处测定其吸光度。

(6)计算蜂胶口服液中总黄酮的含量。

### 三、仪器及试剂

(1)仪器:分光光度计;万分之一电子天平;容量瓶;移液管。

(2)试剂:0.200 0 g·L$^{-1}$ 芦丁标准溶液;5% NaNO$_2$ 溶液;10% Al(NO$_3$)$_3$ 溶液;1 mol·L$^{-1}$ NaOH 溶液;无水乙醇;市售蜂胶口服液。

### 四、思考题

(1)NaNO$_2$-Al(NO$_3$)$_3$ 分光光度法测定黄酮类化合物的理论依据是什么?

(2)根据本实验的内容,试讨论如何选择参比溶液。

(3)使用标准曲线法进行定量分析时应注意哪些问题?

编写人:李爱峰

## 实验 45　库仑滴定法标定硫代硫酸钠溶液的浓度(设计实验)

### 一、实验目的

(1)掌握库仑滴定法和永停终点法的原理。

(2)熟悉库仑滴定法标定硫代硫酸钠溶液浓度的方法。

(3)锻炼综合知识的运用能力。

### 二、实验要求

(1)根据实验目的、提供的仪器与试剂,自行设计实验步骤。

(2)在正式测定前,首先进行预电解,以消除系统内还原性的干扰物质,提高标定的准确度。

(3)标定硫代硫酸钠的溶液浓度,平行操作三次。

(4)写出计算公式,汇报测定结果。

### 三、仪器及试剂

(1)仪器:KLT-1 型通用库仑仪;库仑池;电磁搅拌器;万分之一电子天平;台秤;聚四氟乙烯搅拌磁子;量筒;烧杯。

(2)试剂:硫酸(1.0 mol·L$^{-1}$);碘化钾(20%);浓硝酸;待标定的硫代硫酸钠溶液(约 0.1 mol$^{-1}$)。

### 四、思考题

(1)结合本实验说明库仑滴定法标定硫代硫酸钠溶液浓度的基本原理,并与化学分析中的标定法相比,本法有何优点?

(2)根据本实验,你认为应从哪几个方面入手,提高标定的准确度?

(3)为什么要进行预电解?

编写人:李爱峰

# 实验 46  芳香烃的分离与分析(设计实验)

## 一、实验目的

(1)掌握反相高效液相色谱法分离芳香烃的技术。

(2)锻炼综合知识的运用能力。

## 二、实验要求

(1)根据提供的标准样品和试样,自行设计实验步骤。

(2)在提供的色谱条件的基础上,对实验条件进行优化。

(3)测定各个标准品的保留时间。

(4)对试样进行分离,判断试样的组成,搞清楚各个色谱峰的归属。

(5)测定试样中各个组分的含量。

## 三、仪器及试剂

(1)仪器:高效液相色谱仪;紫外检测器;ODS 色谱柱($4.6\ mm\times250\ mm$,$5\ \mu m$);微量注射器($20\ \mu L$);超声波脱气机;溶剂过滤器 1 套;$0.45\ \mu m$ 滤膜。

(2)试剂:甲醇(色谱纯);苯、甲苯、乙苯、二甲苯的标准溶液;试样溶液;去离子水。

## 四、参考实验条件

(1)色谱柱:ODS 色谱柱($4.6\ mm\times250\ mm$,$5\ \mu m$)。

(2)流动相:甲醇:水$=80:20$。

(3)检测波长:$254\ nm$。

## 五、思考题

(1)解释试样中各组分的洗脱顺序。

(2)简述在反相色谱法中,流动相配比的改变对流动相强度的影响。

编写人:李爱峰